GUIDE PRATIQUE

POUR LA COMPOSITION ET L'INSTALLATION

DES

MUSÉES SCOLAIRES

Par S.-G.

PARIS

Ancienne Maison Gaume et Cie

X. RONDELET ET Cie, ÉDITEURS

3, RUE DE L'ABBAYE, 3

1900

MUSÉES SCOLAIRES

GUIDE PRATIQUE

POUR LA COMPOSITION ET L'INSTALLATION

DES

MUSÉES SCOLAIRES

Par S.-G.

PARIS

Ancienne Maison Gaume et Cie

X. RONDELET ET Cie, ÉDITEURS

3, RUE DE L'ABBAYE, 3

1900

PREMIÈRE PARTIE

I.

DES MUSÉES SCOLAIRES

Depuis quelques années, une transformation salutaire s'est opérée dans l'enseignement : on a remplacé la routine par une méthode suivie; l'enseignement abstrait, par l'enseignement intuitif.

Pour faciliter cet enseignement, grâce aux pressantes exhortations des inspecteurs de l'enseignement primaire, bon nombre de musées scolaires ont été créés dans les principaux établissements d'instruction; et, dans un avenir peu éloigné, il n'y aura plus, nous l'espérons, une seule école qui ne possède quelques collections appartenant aux trois règnes de la nature, c'est-à-dire un petit musée.

C'est pour aider les instituteurs dans cette tâche que nous écrivons ces quelques pages. Puissent-elles leur aplanir toutes les difficultés! C'est le but que nous nous proposons, et nous avons l'intime conviction qu'il sera atteint.

Qu'est-ce donc qu'un musée scolaire?

Un musée scolaire est un ensemble de collections d'objets communs et usuels, bruts ou manufacturés, naturels ou artificiels, destiné   être mis entre les mains des enfants pour être examinés et touchés sous toutes leurs formes.

D'après cette définition, le musée scolaire ne doit pas être une collection savante; mais une réunion d'objets simples et utiles, pouvant venir en aide à la méthode intuitive et donner aux élèves des notions précises et durables. C'est le pendant de la bibliothèque de l'école.

II.

UTILITÉ DES MUSÉES SCOLAIRES.

Nous venons de le dire, les collections renfermées dans le musée scolaire sont destinées à faciliter l'enseignement intuitif, l'enseignement par l'aspect, par la vision claire des objets dont on parle.

Mais comment pourrons-nous donner cet enseignement si ces objets nous font défaut? Comment nos élèves pourront-ils se faire une idée juste des choses qu'on leur enseigne, quelque nettes et précises que soient les explications du maître, si leurs sens ne sont frappés par la vue claire et distincte de ce qui fait l'objet de la leçon?

On le voit, la création d'un musée scolaire s'impose. Maintenant surtout que les nouveaux programmes prescrivent des leçons spéciales de choses, il est de toute nécessité pour l'instituteur de réunir les divers objets susceptibles de donner à ses leçons toute la précision désirable.

Et puis, l'enseignement ainsi donné, n'est-il pas plus vif et animé? C'est pour ainsi dire sans peine que les enfants acquerront des notions exactes, des connaissances utiles et variées.

La création d'un musée scolaire est d'une grande ressource pour le maître, et les élèves peuvent en retirer un bon profit intellectuel et moral, car « en appelant l'attention de l'enfant sur les richesses minérales, végétales et animales de la contrée; en lui faisant voir les ressources que le commerce ou l'industrie ont pu en retirer; en lui signalant le bien-être qui en résulte pour lui et les siens, on développe son intelligence et son cœur, on fait aimer Dieu dans ses œuvres, le pays dans ses productions et ses semblables dans leurs travaux. »

III.

DE LA COMPOSITION DES MUSÉES SCOLAIRES.

Mais que mettrons-nous dans notre musée? où trouverons-nous les éléments nécessaires à sa constitution?

On l'a dit avec raison : la nature est un immense musée. Puisons donc, sans craindre de l'épuiser jamais, dans cette vaste collection qui est toujours à notre disposition. A la vérité, le choix doit être judicieux; car tous les produits de la nature ne conviennent pas également à notre modeste musée.

L'instituteur cherchera d'abord ce qui peut éclairer son enseignement et être utile à ses élèves; et au fur et à mesure que les objets se présenteront sous sa main, il leur donnera la place qui leur est assignée. Mais il saura se borner dans ses recherches et laissera les monnaies, les poteries anciennes et les autres raretés aux numismates et aux antiquaires. Cependant, bien qu'il ne s'agisse pas de collectionner des curiosités, encore faut-il tendre à réunir les objets que l'enfant rencontrera quelque jour sous sa main ou dont il entendra sûrement parler : ainsi, une hache de silex, un morceau de bois pétrifié, un bâton de soufre, un bâton de phosphore, quelques grammes de potasse ou de soude, etc., feront le meilleur effet dans notre musée et fourniront le sujet de leçons aussi intéressantes qu'utiles.

Nous l'avons déjà dit, c'est dans les trois règnes de la nature que nous puiserons ce qu'il importe aux élèves de connaître. Nous chercherons d'abord des échantillons des plantes, des animaux et des roches que l'on trouve sur le territoire de la commune ou des environs; ensuite viendront les métaux et les produits industriels, avec la matière première sous les différentes phases qu'elle présente dans chaque genre de fabrication.

Et puis, à défaut des objets réels, nous y mettrons

des dessins, des images, ou même et de préférence, des objets en relief même fort réduits.

Mais, dira-t-on, comment se procurer tant d'objets si variés?

Sans doute, un musée ne saurait être improvisé en un seul jour. Pour le composer, il nous faudra bien du temps et des recherches; mais, qu'importe pourvu que nos élèves s'instruisent. Du reste, comme l'a fort bien dit M. Buisson, « il serait à souhaiter que chaque génération scolaire eût à le reconstituer; car, le grand profit à tirer de ces petits musées, ce n'est pas de les avoir, c'est de les faire. »

Il est encore assez facile de se procurer des échantillons. L'instituteur en cherche lui-même; les personnes amies de l'instruction se feront un plaisir de donner quelque chose; les collectionneurs des environs pourront également venir en aide. Mais nos premiers et meilleurs pourvoyeurs seront nos élèves si nous savons les intéresser à l'œuvre commune. Il y a plusieurs manières d'obtenir leur concours : par exemple, les promenades scolaires, présidées par l'instituteur; l'inscription du nom du donateur et de l'objet donné sur un registre spécial, sont des moyens excellents pour stimuler les enfants.

Il y aurait aussi de grands avantages à se procurer, par échange ou de tout autre manière, les produits naturels que la région ne fournit pas : le lin, le coton, par exemple, que les enfants connaissent fort peu.

Mais il sera nécessaire de classer méthodiquement toutes ces petites richesses.

Voici un programme d'organisation qui pourrait servir de guide :

I RÈGNE MINÉRAL. — Echantillons de terres caractéristiques des différents sols : argile, calcaire, sable; minerais et métaux; combustibles minéraux; principaux sels; pierres diverses, fossiles et pétrifications.

II. RÈGNE VÉGÉTAL. — Bois du pays, bois d'ouvrage; plantes nuisibles ou poisons végétaux; plantes médicinales; plantes fourragères; plantes nuisibles à l'agriculture; réductions d'instruments aratoires.

III. RÈGNE ANIMAL. — Dessins d'animaux; animaux empaillés par l'instituteur; petits mammifères utiles et nuisibles; oiseaux utiles; oiseaux nuisibles; insectes utiles; insectes nuisibles; reptiles.

IV. SECTION INDUSTRIELLE. — Vêtement; chaussure; alimentation; chauffage; éclairage; plantes textiles; plantes à substances oléagineuses; plantes tinctoriales.

Il conviendrait cependant que les divers objets composant notre collection fussent groupés autant que possible selon leurs rapports naturels : ainsi, à côté de l'insecte nuisible, mettons la plante détruite par lui; à côté de ce même insecte plaçons aussi, si nous l'avons, l'oiseau qui lui fait la guerre. Par ce moyen, l'intelligence de nos enfants sera frappée, et ils comprendront aisément qu'il faut protéger l'un et détruire l'autre.

On le voit, la formation d'un musée scolaire n'est pas chose difficile : avec un peu de bonne volonté, le succès est assuré.

IV.

INSTALLATION DU MUSÉE.

Après avoir montré combien il est facile de faire des collections, il nous reste à indiquer les moyens d'installation les plus convenables.

Dès le début, quelques étagères en bois blanc, adaptées au mur, seront ordinairement suffisantes pour recevoir les premiers objets que nous aurons à collectionner.

Une partie de l'armoire-bibliothèque, des boîtes à compartiments, pourront encore être utilisées.

M. de Bagnaux recommande l'usage d'une table couverte de casiers mobiles, de diverses dimensions, étiquetés avec soin et abrités de la poussière par des chassis vitrés. C'est un moyen aussi simple qu'économique.

Mais pour les musées tant soit peu importants, une armoire vitrée est presque nécessaire, si nous voulons que nos petites richesses ne se détériorent pas. Comment, en effet, pourrait-on placer sur de simples étagères ou sur une table quelconque, des oiseaux empaillés, le petit herbier, des bocaux et des flacons, sans les exposer à se détériorer ou à se casser?

Tâchons donc de nous procurer un petit meuble. Pour cela ne craignons pas de nous adresser soit au Conseil municipal, soit à quelque personne charitable de notre localité; et si nous avons su les intéresser à cette œuvre nouvelle en leur en faisant connaître les avantages, nous pouvons espérer que nos démarches seront couronnées de succès.

Il ne faudrait pas cependant doter nos salles de classe, pour l'ordinaire trop étroites, de meubles encombrants; nous enlèverions à nos élèves leur liberté de mouvement autour des collections. Evitons aussi les meubles trop beaux; nous craindrions d'en approcher et de toucher à ce qu'ils pourraient renfermer.

Les échantillons de terres doivent être placés dans des bocaux, en ayant soin de superposer la couche arable et le sous-sol.

Les amendements et les engrais seront autant que possible rapprochés des espèces de terres auxquelles ils conviennent.

Les différentes variétés de graines seront disposées dans de petits flacons à larges goulots et de dimensions égales.

Les larves, chenilles, araignées et reptiles doivent être conservés dans l'alcool.

Une grande partie des objets qui composent la section industrielle, peuvent être fixés sur des cartons, avec des légendes explicatives.

Enfin, un maître intelligent saura toujours tirer parti des objets qu'il aura réunis, il se rappellera qu'ils ont été recueillis non pour former des collections de luxe, mais pour exercer les sens des enfants et faciliter leur instruction.

V.

MESURE DANS LAQUELLE ON PEUT SE SERVIR DES OBJETS RENFERMÉS DANS LE MUSÉE SCOLAIRE.

On a dit très justement que les musées scolaires sont aux leçons de choses, ce que sont les instruments de physique aux leçons sur les phénomènes de la nature. Il est certain en effet que si des instruments sont nécessaires pour l'enseignement des sciences physiques, il n'importe pas moins de pouvoir mettre sous les yeux et entre les mains de l'enfant l'objet dont on l'entretient.

Nous pensons donc qu'on doit recourir au musée toutes les fois qu'une explication purement orale ne serait pas suffisante.

L'usage judicieux que l'on doit en faire constitue un de ces procédés naturels et féconds qui viennent, à l'occasion, donner à une leçon plus de clarté et de précision. Et cette occasion se présentera souvent : un mot de la lecture ou de la dictée, une leçon de géographie, etc., pourront la faire naître. Nous tirons alors de notre musée l'être ou l'objet dont il s'agit, nous le montrons aux élèves, nous le faisons toucher et observer sous toutes ses formes. L'explication ainsi donnée sera bien mieux comprise et plus facilement retenue. Ce sera, bien entendu, l'affaire de quelques minutes ; car il ne faudrait pas perdre un temps précieux à des causeries inutiles.

Nous mettrons aussi notre musée à contribution pour les leçons spéciales de choses faites dans un ordre méthodique. Mais il importe que ces leçons soient préparées avec un soin tout particulier ; car, malgré son aspect séduisant, une leçon de choses n'est pas aussi facile à bien faire qu'on se l'imagine communément. Ce procédé d'enseignement exige, de la part du maître, beaucoup de tact, d'intelligence et des connaissances très variées. Nous en parlerons plus longuement dans la seconde partie de cette modeste brochure, et nous donnerons des modèles de leçons de choses, telles que nous les concevons.

RÈGNE MINÉRAL

CHAPITRE I

LE SOL AGRICOLE

Il importe souverainement que nos élèves connaissent les éléments constitutifs du sol qu'ils foulent aux pieds tous les jours ; car « c'est de la culture du sol que l'homme tire les aliments, ainsi que les vêtements dont il a besoin ; le pain, la viande, le lait, la laine, la chandelle, l'huile, etc., sont des produits pour la plupart indispensables, que l'on ne peut obtenir que par la culture de la terre et par l'entretien des animaux. On tire de la pomme de terre une boisson spiritueuse ; nous fabriquons la bière au moyen de l'orge et du houblon ; la betterave nous donne du sucre, et le chanvre nous procure la toile. Comme on le voit, le sol nous fournit non seulement les substances d'absolue nécessité pour l'entretien de la vie, mais nous lui devons encore des produits qui peuvent rendre notre séjour dans ce monde plus commode et plus agréable [1]. »

---

[1] *Premiers Éléments d'agriculture,* par Buste et Cuntrias.

Généralement on appelle *sol*, la couche terreuse et pierreuse que retourne la charrue et sur laquelle les plantes naissent et se développent : c'est la couche arable.

Le *sous-sol* est cette partie de la terre que l'on ne cultive pas et sur laquelle repose la terre végétale.

I. — Eléments constitutifs du sol.

CALCAIRE. — Carbonate de chaux, matière dont on peut extraire de la chaux.

Il est facile de distinguer le carbonate de chaux par la faculté qu'il a de se dissoudre avec effervescence dans les acides. De plus il se laisse facilement rayer avec un fer aigu et même avec l'ongle.

SILICE. — Sable pur ou quartz, se laissant traverser facilement par l'eau.

On reconnaît qu'une terre est siliceuse lorsque, mêlée avec l'eau, elle ne forme point de pâte.

ARGILE. — Terre glaise, douce au toucher, formant pâte avec l'eau.

II. — Différentes variétés de terres.

On pourrait se contenter de diviser en quatre classes les différents sols que l'on peut rencontrer.

I. TERRES SILICEUSES.

II. TERRES DE MOYENNE CONSISTANCE, renfermant sable, argile, calcaire, amenées à cet état soit par la culture, soit par des amendements, soit par des engrais.

III. Terres fortes ou argileuses.

IV. Terres humifères.

On a cependant jugé convenable d'établir plusieurs autres divisions d'après la nature et les éléments constitutifs du sol. Ainsi on distingue :

1° *Les terres calcaires ou crayeuses,* contenant du carbonate de chaux dans de fortes proportions.

2° *Les terres légères ou précoces,* sans consistance, composées principalement de silice.

3° *Les terres granitiques* dont la silice est également l'élément principal.

4° *Les terres d'alluvion,* formées par des dépôts de terre amenés par les eaux. Elles sont légères et, pour l'ordinaire, très favorables à la culture.

5° *Les terres de bruyères ou de landes,* qui contiennent en grande quantité du sable ou du terreau acide.

6° *Les terres tourbeuses,* qui contiennent de la tourbe.

7° *Les terres ferrugineuses ou ocreuses,* qui renferment du fer ou de l'ocre.

8° *Les terres fortes,* qui sont compactes et tenaces.

9° *Les terres franches,* composées de calcaire, de sable, d'argile et d'humus dans des proportions convenables; ce sont les plus productives des terres végétales.

III. Amendements.

Si le sol était formé entièrement de l'un des trois éléments dont nous avons parlé (*silice*, *argile*, *chaux*), il serait tout à fait impropre à la culture. Pour le rendre productif il faut l'amender, c'est-à-dire y ajouter du sable s'il est trop argileux, ou de l'argile s'il renferme trop de silice.

Dans le premier cas, le sable, divisant l'argile, lui permet d'absorber l'eau plus facilement; dans le second cas, le terrain siliceux ou calcaire qui est naturellement très léger et très meuble devient plus imperméable et conserve plus longtemps l'humidité.

Les principaux amendements employés sont les suivants :

I. LA CHAUX, convient à toutes les terres qui ne renferment pas de substances calcaires.

II. LA MARNE, qui est un composé de carbonate de chaux, d'argile et de sable. On en distingue plusieurs espèces, savoir :

a — *La marne calcaire*, qui est la plus riche en carbonate de chaux. Elle convient surtout au sol argileux.

b — *La marne proprement dite*, qui ne renferme environ que la moitié de son poids de principes calcaires. Elle convient à toutes les espèces de sol.

c — *La marne argileuse*, qui renferme trois ou quatre fois plus d'argile que de chaux. Elle est propre à l'amélioration des terrains graveleux et sablonneux.

d — *L'argile marneuse,* qui contient la plus faible quantité de carbonate calcaire. Elle convient aux mêmes terrains que la précédente.

Outre la chaux et la marne, il existe des amendements qui sont d'un très grand secours dans certaines localités. Ce sont :

1° *Le falun,* espèce de marne renfermant une grande quantité de coquille.

2° *La tangue* ou cendre de mer, formée de coquilles, de sable et de matières animales ou végétales décomposées.

3° *Les coquilles,* que l'on trouve réunies en grandes masses dans beaucoup de localités.

4° *Les plâtras,* formés par un mélange de terre, de sable, de chaux, de plâtre, etc., ayant servi aux constructions.

5° *Les boues de rues,* et principalement celles que l'on retire des chemins fréquentés par les animaux.

IV. Stimulants.

Les principaux stimulants sont :

1° *Les cendres de bois,* formées de sels, de terres et d'oxydes métalliques. La charrée ou les cendres lessivées sont meilleures que les cendres prises au foyer.

2° *Les cendres de tourbe,* dont la valeur est d'au-

tant plus grande qu'elles renferment plus de substances végétales.

3° *Les cendres de houille.*

4° *Les cendres pyriteuses,* extraites du sol (Pi-
cardie).

5° *Le plâtre,* corps formé par la combinaison de
l'acide sulfurique et de la chaux.

Les cendres conviennent généralement aux terres
destinées au sarrasin ou blé noir, au colza, au blé et
à d'autres récoltes. On les emploie aussi pour l'amélioration des prairies.

Les plantes auxquelles le plâtre convient le mieux
sont : les haricots, les pois, les fèves, le trèfle, la
luzerne, les jarosses, la lupuline ou petit trèfle jaune.

V. Des engrais.

On nomme engrais les substances d'origine végétale ou animale qui, par leur décomposition, de-
viennent propres à fertiliser la terre et à nourrir les
plantes qu'elle produit. Les plus communs sont :

1° *Le fumier de ferme* ou excréments du bétail
mélangés à la litière qu'on lui fournit.

2° *Le purin* ou urine des animaux.

3° *La gadoue* ou vidanges des latrines.

4° *La poudrette* ou gadoue réduite à l'état pul-
vérulent par la dessiccation.

5° *Le noir animal,* résidu de la calcination des os
en vase clos.

6° *Le noir animalisé*, formé des parties molles des animaux, mélangées avec des matières fécales et une substance absorbante.

7° *Le guano du Pérou*, ou fiente desséchée d'oiseaux de mer.

8° *Les tourteaux et les marcs*, résidus de graines, de fruits dont on a exprimé le jus, etc., etc.

PRINCIPAUX ENGRAIS.

ENGRAIS ANIMAUX.	Poudrette. Colombine. Guano. Guano de poisson.
ENGRAIS VÉGÉTAUX SECS.	Goëmons ou varechs. Algues. Tourteaux de sésame. Marcs.

ENGRAIS CHIMIQUES.	ENGRAIS PHOSPHATÉS.	Superphosphate minéral. Scories de déphosphoration. Phosphate fossile ou naturel.
	ENGRAIS AZOTÉS.	Nitrate de soude. Nitrate de potasse ou salpêtre. Sulfate d'ammoniaque.
	ENGRAIS POTASSIQUES.	Chlorure de potassium. Carbonate de potasse. Sulfate de potasse. Kaïnite (Sulfate double).

CHAPITRE II
LE SOL INDUSTRIEL

« La valeur industrielle du sol dépend de la somme des richesses naturelles qu'il renferme dans son sein ou qui se trouvent à sa surface. Par richesses naturelles, on entend : les matériaux de construction, tels que pierres de taille, moellons, terres pour pisé, terres à briques, à carreaux, ou à tuiles; les matériaux auxiliaires de la construction, comme pierres à chaux ordinaire et pierres à chaux hydraulique ou à ciment; matières complémentaires des mortiers; sable, pouzzolane et autres; pierres à plâtre ou gypse, asphalte et minerais bitumineux; les matériaux de dallage, de pavage, d'empierrement; les matières minérales pour industries diverses, savoir : matières premières pour la fabrication des porcelaines, des faïences et des poteries réfractaires ou des poteries communes, telles que kaolin, terre de pipe, argile plastique, matières fusibles pour la fabrication du verre et des cristaux, terre à foulon, terre réfractaire, argiles ocreuses; pierres meulières et pierres à aiguiser; pierres lithographiques, pierres à sculpter ou à façonner (marbre, albâtre, etc.); les matières d'amendements pour l'agriculture, comme les marnes, les phosphates de chaux, le guano; les matières premières pour les produits chimiques ; les combustibles, tels que la tourbe, le lignite, la houille, l'anthracite, le bitume, le pétrole, le naphte ; les métaux précieux, or, argent, platine ; les métaux utiles, fer, plomb, cuivre, étain, etc. ; le sel, l'alun, etc., etc. »[1]

DES PIERRES.

Un musée scolaire doit posséder des échantillons des diverses pierres employées pour les constructions ou utilisées dans l'industrie.

On divise les substances pierreuses : 1° en *calcaires*, 2° en *quartz*, 3° en *argiles*.

I. Calcaires.

Les principaux calcaires sont :

La pierre à chaux, les marbres, l'albâtre et le gypse. On distingue :

1° *Le carbonate de chaux* proprement dit, ou pierre à chaux.

2° *Le spath d'Islande,* qui fait paraître double les objets qu'on regarde à travers.

3° *La chaux carbonatée fibreuse,* dont on fait des bijoux, principalement en Angleterre.

4° *Le marbre de carrière* ou marbre statuaire.

5° *La chaux carbonatée grossière,* employée principalement comme pierre de taille.

---

1 Extrait du *Journal des Instituteurs.*

6° *La pierre de liais,* employée pour la sculpture.

7° *La craie ordinaire* qui, broyée dans l'eau, produit le blanc d'Espagne.

8° *La pierre lithographique,* d'un blanc gris ou jaunâtre.

9° *L'albâtre calcaire ou oriental,* remarquable par sa transparence et sa dureté.

10° *Le sulfate de chaux* ou gypse.

Ce dernier forme lui-même trois espèces :

a — *Le gypse lenticulaire* dont les formes ressemblent assez à des lentilles.

b — *Le gypse compact* ou albâtre gypseux, qui a servi de terme de comparaison pour désigner la couleur blanche.

c — *Le gypse grossier* ou pierre à plâtre qui, calciné au feu et réduit en poudre, forme le plâtre dont on se sert journellement.

II. Quartz.

On appelle quartz, des pierres siliceuses dont les caractères particuliers sont la dureté et l'infusibilité.

Les principales variétés de quartz sont : le quartz proprement dit ou silice; les silex ou agates; le feldspath; le mica.

1° *Le quartz proprement dit* ou *silice,* substance minérale tellement dure qu'elle ne se laisse rayer, ni par le verre, ni par l'acier. Lorsqu'il est transparent, le quartz prend le nom de *cristal de roche.*

2° *Les silex* sont constitués par du quartz d'une texture compacte, à cassure plus ou moins lisse. On distingue la *pierre à fusil* qui, frappée par l'acier produit de vives étincelles, et la *pierre meulière* criblée de petites cavités.

3° *Les agates*, dont on se sert pour la fabrication de petits mortiers employés dans les laboratoires de chimie.

4° *Le feldspath*, dont la dureté est presque comparable à celle du quartz. Quelquefois le feldspath s'altère et se réduit en gravier ou se transforme en argile. Il prend alors le nom de *kaolin* ou terre à porcelaine.

5° *Le mica* que l'on trouve en feuilles ou en paillettes brillantes, divisibles en lames excessivement minces.

6° *Le talc*, qui a beaucoup de ressemblance avec le mica; cependant ses feuillets ne sont pas élastiques comme ceux du mica. C'est le plus tendre de tous les minéraux.

7° *Les pierres précieuses.*

III. Argiles.

Les argiles sont des substances composées principalement de silice et d'alumine. On en compte plusieurs espèces :

1° *L'argile plastique* appelée terre glaise, terre à poteries, et que l'on emploie pour la fabrication des tuiles, des briques et des vases grossiers en terre cuite.

2° *La terre à foulon,* employée pour dégraisser les étoffes de laine.

3° *L'argile ocreuse,* terre colorée par l'hydrate de fer. On s'en sert en peinture et pour la fabrication des crayons rouges.

CHAPITRE III

FOSSILES. — PÉTRIFICATIONS

Il arrive assez souvent que l'on trouve enfouis dans la terre des débris d'animaux et de plantes qui s'y sont conservés et transformés en une substance plus ou moins minérale.

Il ne serait pas sans intérêt de voir figurer dans notre collection quelques débris de ces êtres qui diffèrent presque tous des animaux et des plantes de l'époque actuelle.

Nous recueillerons aussi des mollusques, comme les ammonites, les bélemnites; des zoophytes, comme les polypes, les encrines, les oursins; des ossements et des bois pétrifiés, etc.

La présence dans le musée de ces différents objets permettra aux maîtres de donner quelques notions sur l'histoire de notre globe qui se trouve pour ainsi dire écrite dans les éléments mêmes dont la terre se compose; elle lui permettra surtout d'exciter chez ses élèves des sentiments d'amour et de reconnaissance pour le Créateur de la nature qui n'a fait qu'ouvrir la main pour en laisser tomber tant de merveilles!

L'étiquette des bocaux renfermant les terres et les engrais sera fixée sur le vase même; celle des minerais, métaux, pierres et fossiles d'assez grandes dimensions, sera placée sur l'échantillon; les petits fossiles et les petits échantillons peuvent être collés sur des cartons ou sur des planches, et on met l'étiquette au-dessous de chaque objet.

A cette simple énumération des richesses de notre sol, nous allons ajouter la liste suivante que nous empruntons au catalogue de M. E. Deyrolle. Nous espérons qu'elle sera de quelque utilité à ceux qui veulent donner à leur musée scolaire un peu plus d'extension.

Nous ferons remarquer seulement que, dans le musée, le métal pur devra, autant que possible, être placé à côté du minerai dont on l'a extrait.

Collection minéralogique.

Halogènes. Soufre natif.
Halides. Arseniosidérite.
— Sel gemme.
— Spath calcaire.
— Carbonate de chaux cristallisée.
— Calcaire saccharoïde.
— Aragonite.
— Phosphorite.
— Apatite.
— Dolomie.
— Gypse fer de lance.

- Gypse trapézien.
- Gypse laminaire.
- Anhydrite.
- Fluorine.
- Barytine.
- Witherite.
- Célestine.
- Strontianite en rognons.
- Borax.

Gemmes, Emeri.
- Emeraude.
- Grenatite.
- Grenat taillé.
- Tourmaline noire.
- Tourmaline rose.

Pierres siliceuses. Quartz compact.
- Quartz cristallisé.
- Quartz lydien.
- Quartz améthyste.
- Chalcédoine.
- Agate polie.
- Silex.
- Jaspe.
- Opale taillée.
- Opale ménilite.

Pierres silicatées. Staurotide.
- Fibrolite.
- Couzéranite.
- Orthose.
- Feldspath.
- Kaolin.
- Mica.
- Lépidolite.
- Talc.
- Stilbite.
- Serpentine.
- Pyroxène.
- Hornblende.
- Actinote.
- Crocidolite.
- Amiante.

Terres silicatées. Argile plastique.
- Argile smectique.
- Terre verte.
- Terre de pipe.

Minerais. Fer aimant naturel.
- Fer oligiste.
- Sanguine.
- Ocre jaune.
- Ocre rouge.
- Hématite brune.
- Fer limoneux.
- Fer oxydé hydraté.
- Limonite en grains.
- Pyrite cubique.
- Pyrite compacte.
- Mispeckel.
- Sperkise.
- Siderose.
- Triplyte.
- Blende en rognon.
- Blende compacte.
- Smithsonite.
- Calamine
- Willemite.
- Manganèse colbatifère.
- Psilomelane.
- Rhodonite.
- Stibine.
- Molybdénite.
- Cuivre natif.
- Cuivre gris.
- Chalcopyrite.
- Azurite.
- Malachite.
- Galène.
- Galène argentifère.
- Pyromorphite.
- Cassiterite.
- Noumeite.
- Wolfram.
- Cinabre.

— Argent natif.
— Argent rouge.
— Or natif.
Minéraux organiques. Graphite.
— Anthracite.
— Houille.
— Lignite.
— Bois fossile.
— Tourbe terreuse.
— Tourbe organoïde.
— Succin ou ambre.
— Ambre poli contenant des insectes.
— Pétrole.
— Asphalte.
— Ampelite.
— Bitume.
— Guano.

Collection géologique.

Roches ignées. Granit commun.
— Granit prophyroïde.
— Granulite.
— Microgranulite.
— Eurite.
— Gneiss.
  sneisrose.
— Gneiss amphibolique.
— Protogyne.
— Syénite.
— Pegmatite.
— Leptynite.
— Diorite.
— Porphyre vert.
— Porphyre andesitique.
— Porphyre petrociliceux globulaire.
— Argilolithe.
— Argilophyre.
— Greisen.
— Vaugnérite.
— Micaschiste.
Roches éruptives. Trachyte.
— Dômite.
— Ponce.
— Obsidienne.
— Basalte prismatique.
— Basalte péridoteux.
— Dolerite.
— Lave poreuse.
— Lave à cristaux.
— Scories.
— Bombes volcaniques.
— Cendre volcanique.
Roches sédimentaires. TERRAIN PRIMAIRE.
— — Calcaire du silurien.
— — Calcaire du cambrien.
— — Calcaire graphiteux.
— — Calcaire devonien.
— — Calcaire carbonifère.
— — Schiste maclifère.
— — Schiste à graptolithes.
— — Schiste permien.
— — Ardoise.
— — Phyllade.
— — Novaculite.
— — Emithrène.
— — Grès houiller.
— — Arkose.
— — Granwacke.
— — Marbre cipolin.

— — Marbre petit granit.
— — Marbre noir de Dinan.
— — Marbre Sainte-Anne.
— — Marbre brèche.
Roches sédimentaires. TERRAIN SECONDAIRE.
— — Grès vosgien.
— — Grès bigarré.
— — Muschelkalk.
— — Argile du lias.
— — Calcaire oolithique.
— — Lumachelle jurassique.
— — Calcaire callovien.
— — Calcaire oxfordien.
— — Calcaire lithographite.
— — Calcaire néocomien.
— — Argile du Gault.
— — Glauconie.
— — Calcaire glauconieux.
— — Craie blanche.
— — Craie marneuse.
— — Calcaire pisolithique.
Roches sédimentaires. TERRAIN TERTIAIRE.
— — Calcaire travertin.

— — Argile plastique.
— — Sable de Cuise-la-Motte.
— — Calcaire grossier.
— — Calcaire grossier avec cérithes.
— — Sable moyen.
— — Calcaire de St-Ouen.
— — Marne.
— — Sable blanc de Fontainebleau.
— — Sable jaune.
— — Grès siliceux.
— — Meulière de Brie.
— — Meulière de Beauce.
— — Faluns de Bordeaux.
— — Faluns de Touraine.
Roches sédimentaires. TERRAIN QUATERNAIRE. Diluvien.
— — Sable de rivière.
— — Limon.
— — Cailloux polis et striés par les glaciers.
— — Cailloux roulés de silex.
— — Cailloux roulés de granit.

Collection paléontologique.

Terrains primaires.

Silurien. Calymene aragoï.
— Rhynchonella Wilsonii.
Dévonien. Athrypa reticularis.
— Calceola sandalina.
— Pleurodyctium problematicum.

— Astræa porosa.
Carbonifère. Bellerophon sublœvis.
— Ptychomphalus Soverbyi.
— Zaphrentis Edwarsiana.
— Amplexus ibicinus.
Houiller. Calamites.
— Sigillaria.

— Lepidodendron.
— Nevropteris.
Permien. Productus horridus.
— Walchia.
Muschelkack. Terebratula vulgaris.

Terrains secondaires.

Sinémurien. Gryphea arcuata.
Lias. Ammonites margaritatus.
— Belemnites niger.
—   — paxillosus.
— Plaques à monotis substriata.
— Trigonia arduenna.
— Rhynchonella tetraedra.
— Terebratula numismalis.
— Pentacrinus basaltiformis.
Toarcien. Ammonites bifrons.
— Gryphea Blumenbachi.
— Turbo subduplicatus.
Bajocien. Myacites abductus.
— Cidaris courtandina.
Bathonien. Rhynchonella decorata.
— Anabacia orbitolites.
— Clipeus Ploti.
Callovien. Ammonites lunula.
Oxfordien. Ammonites cordatus.
— Ostrea gregaria.
— Terebratula insignis.
— Millecrinus polycyphus.
Corallien. Terebratula Delamontana.

— Cidaris florigemma.
Kimméridjien. Ostrea deltoïdeum.
— Exogyra virgula.
Néocomien. Ammonites semistriatus.
— Ostrea Couloni.
— Rhynchonella peregrina.
Aptien. Ammonites interruptus.
— Plicatula placunea.
— Ostrea aquila.
Cénomanien. Ostrea columba.
—   — biauriculata.
— Orbitolites conica.
— Holaster subglobosus.
— Catopygus carinatus.
Turonien. Callianassa archiaci.
— Turritella requieniana.
— Trigonia Scabra.
— Pectunculus requienanus.
— Hippurites.
Sénonien. Ompholia reneauxiana.
— Acteonella gigantea.
— Melanopsis gallo provincialis.
— Cyrena garumnica.
— Terebratula toucasi.
— Radiolites sinuata.
Craie. Belemnites mucronatus.
— Micraster coranguinum.

Terrains tertiaires.

Eocène inférieur. Empreintes sur le calcaire de Sezanne.
— Cerithium turris.

— Cerithium funatum.
— Ostra bellovanina.
— Nummulites complana-
ta.
Calcaire grossier. (Eocène
moyen.) Rostellaria
fissurella.
— Fusus Noë.
— — rugosus.
— Buccinum stromboïdes.
— Voluta bulbula.
— — spinosa.
— Mitra monodonta.
— Conus deperditus.
— Pleurotoma lineolata.
— Cerithium lapidum.
— — tricarinatum.
— Natica epiglottina.
— — patula.
— Trochus ornatus.
— Turritella imbricataria.
— — ambigua.
— Melania lactea.
— Corbis lamellosa.
— Lucina saxorum.
— Cardium obliquum.
— Cytherea semisulcata.
— Chama calcarata.
— Anomia tenuistriata.
Sables moyens (Eocène mo-
yen).Cerithium bouei.
— Turritella incerta.
— Cytherea distans.
— Cardium obliquum.

Eocène supérieur. Smerdis
macrurus.
— Lebias cephalotes.
Miocéne inférieur. Corbulo-
mya triangula.
— Cardita bazini.
— Pectunculus obovatus.
Faluns (Miocène supérieur).
Murex Sedgivichi.
— Fusus burdigalensis.
— Nassa asperula.
— Conus mercati.
— Turritella cathedralis.
— Natica aquitanica.
— Pectunculus glycimie-
ris.
— Pecten burdigalensis.
— Arca cordiformis.
Pliocéne. Chenopus pes pe-
licani.
— Cerithium vulgatum.
— Turbo rugosus.
— Artemis excoleta.
— Venus verrucosa.

Terrains quaternaires.

— Silex taillé petit format.
— — moyen format.
— Ossements de mammi-
fères.
— Dents de cheval. —
— — cerf des cavernes.

RÈGNE VÉGÉTAL

I. Principaux bois [1].

Abricotier.	Citronnier.
Acacia.	Cognassier.
Aliboufier.	Cormier.
Alisier.	Cornouiller.
Amandier.	*Cotonnier.
*Amélanchier.	Coudrier.
*Aubépine.	Cytise.
*Arbousier.	*Eglantier.
*Argousier.	Erable.
Aulne.	Févier.
*Baguenaudier.	Figuier.
Bouleau.	Frêne.
*Bourdaine.	*Fusain.
*Buis.	Gainier.
*Câprier.	*Genévrier.
Caroubier.	Grenadier.
Cerisier.	*Groseillier.
Charme.	Hêtre.
Châtaignier.	*Houx.
Chêne.	If.
*Ciste.	*Jasmin.

1 Les arbrisseaux et les arbustes sont précédés d'un astérisque.

*Jujubier.
Laurier.
Lilas.
Marronnier d'Inde.
Mélèze.
Mérisier.
Micocoulier.
Mûrier.
Néflier.
*Nerprun.
Noyer.
Nérier.
Olivier.
Orme.
Orne.
Pavier.
Pêcher.
Peuplier.
Pin.

Pistachier.
Platane.
Poirier.
Pommier.
Prunier.
Plaqueminier.
Sapin.
Saule.
Sorbier.
Staphilier.
*Sumac.
Sureau.
Tilleul.
Tremble.
Troène.
*Vigne.
*Vinettier.
*Viorne.

II. Bois d'ouvrage.

Acajou. — Employé par les ébénistes.

Alisier. — Montures d'outils, fuseaux.

Acacia ou *Robinier*. — Employé par les menuisiers et les tourneurs.

Aulne (*Verne* ou *Vergne*). — Pilotis, corps de pompe, sabots, ustensiles, placages.

Bouleau. — Employé par les charrons, les tourneurs, les sabotiers et les ébénistes. L'écorce est employée à la fabrication des cuirs de Russie.

Buis. — Employé par les tourneurs et les graveurs sur bois.

Cèdre. — Employé particulièrement pour la fabrication des crayons de mine de plomb.

Charme. — Chauffage, charronnage.

Châtaignier. — Charpentes, tonneaux, cercles, chaises de jardin.

Chêne. — Construction de maisons, de vaisseaux. L'écorce est employée à la préparation des peaux.

Cormier. — Employé par les tourneurs, les luthiers, les armuriers.

Ebène. — Employé dans l'ébénisterie.

Erable. — Employé par les menuisiers, les tourneurs, les luthiers.

Fusain. — Employé pour de petits ouvrages, tels que règles divisées, doubles décimètres, fuseaux.

Frêne. — Charronnage, ébénisterie.

Genévrier. — Recherché par les tourneurs.

Hêtre. — Tables, meubles, ustensiles, affûts de canons.

Mérisier. — Menuiserie, ébénisterie.

Noyer. — Menuiserie, sculpture en bois.

Olivier. — Recherché par les tabletiers.

Orme. — Charronnage, constructions, ébénisterie.

Osier. — Corbeilles, paniers, claies.

Palissandre. — Ebénisterie, marqueterie.

Peuplier. — Planchers, toitures, meubles grossiers.

Pin. — Constructions, pilotis, résines.

Platane. — Charronnage, menuiserie.

Poirier. — Recherché par les sculpteurs et les modeleurs.

Saule. — Echalas, palissades, sabots, cuves légères.

Sapin. — Constructions navales, meubles, charpentes.

III. — Plantes vénéneuses.

Ache des marais (inculte).
Aconit.
Actée.
Ancolie vulgaire.
Anémone pulsatille.
Arum.
Belladone.
Bryone.
Ciguë (aquatique).
Ciguë (grande).
Ciguë (petite).
Colchique (d'automne).
Coronille bigarrée.
Daphnée lauréole.
Datura (pomme épineuse).
Digitale pourpre.

Euphorbe.
Gratiole.
Ellébore fétide.
If commun.
Ivraie enivrante.
Jusquiame.
Laitue vireuse.
Mandragore.
Mercuriale vivace.
Morelle Douce-amère.
Morelle noire.
Nigelle des champs.
Œnante (variétés).
Renoncule âcre.
Renoncule (scélérate).
Trolle.

etc., etc.

IV. Plantes médicinales.

Absynthe off. — Diarrhées.

Aconit napel. — Gouttes, rhumatismes.

Acore vrai. — Fièvres intermittentes.

Aigremoine. — Maladies de la rate et du foie.

Alchemille vulg. — Raffermit les tissus.

Anémone des bois. — Employée contre la teigne, la goutte.

Angélique. — Mauvaises digestions, coliques venteuses, catarrhes.

Argentine. — Crachements de sang, saignements de nez.

Aristoloche longue. — Gouttes, asthme, catarrhe.

Armoise. —

Arnica des montagnes. — Contusions, plaies, coups, chutes.

Arrête-bœuf. — Guérit les maladies des voies urinaires.

Bardane. — Maladies de la peau, gouttes, rhumatismes.

Basilic (grand). — Maladies des voies urinaires.

Belladone. — Maladies nerveuses, asthme, toux.

Benoîte. — Diarrhée, dyssenterie, catarrhes pulmonaires.

Bistorte. — Crachements de sang, diarrhées, fièvres.

Bouillon-blanc. — Rhumes, catarrhes, coliques.

Bourrache. — Maladies inflammatoires.

Buglosse. — Sudorifique, employée dans les maladies de poitrine.

Caille-lait. — Calme les douleurs nerveuses.

Camomille romaine. — Mauvaises digestions, gouttes, coliques.

Capillaire de Montpellier. — Maladies de poitrine.

Cassis. — Sudorifique, dissipe l'inflammation de la gorge.

Centaurée (petite). — Fièvres, gouttes, rhumatismes.

Cerfeuil. — Douleurs hémorroïdales, contusions, plaies.

Petit-chêne. — Gouttes, rhumatismes, scorbut, scrofules.

Chardon étoilé. — Fébrifuge par excellence.

Chardon Marie. — Fièvres, hydropisies, ictères, rhumatismes.

Chicorée sauvage. — Maladies de la peau, jaunisse.

Chiendent. — Maladies inflammatoires.

Ciguë maculée. — Engorgements glandulaires, coqueluche.

Cochléaria. — Scorbut, catarrhes, scrofules, rhumatismes.

Colchique d'automne. — Employé à petites doses dans les rhumatismes.

Consoude off. — Emolliente, dans les diarrhées, les dyssenteries.

Coquelicot. — Catarrhes et autres inflammations de la poitrine.

Cresson de fontaine. — Antiscorbutique, maladies de la poitrine.

Cynoglosse off. — Toux, catarrhes, hémorragies de la poitrine.

Digitale pourpre. — Battements du cœur, toux nerveuses.

Douce-amère. — Rhumatismes, dartres, gale, syphilis.

Ellébore noire. — Maladies de la peau, hydropisie.

Fenouil. — Maladies de l'estomac, diarrhées.

Fougère mâle. — Vers intestinaux.

Fumeterre. — Jaunisse, scorbut.

Genièvre. — Maladie des reins, de la vessie.

Gentiane jaune. — Tonique et fébrifuge.

Géranium à Robert. — Gravelle, jaunisse, fièvres intermittentes.

Gratiole off. — Hydropisies sans fièvre, apoplexie, folie.

Guimauve off. — Employée dans les inflammations.

Houblon. — Scrofules, rachitisme, maladies de la peau.

Houx. — Rhumatismes et fièvres intermittentes.

Hysope. — Maladies de la poitrine.

Jacobée. — Inflammations, angines, maux de gorge.

Jusquiame noire. — Névralgies, épilepsies, toux nerveuses.

Laitue cultivée. — Rend le sommeil, calme les douleurs.

Lavande. — Maux de tête, tremblements des membres.

Lierre terrestre. — Maladies de poitrine, pneumonie.

Lin cultivé. — Maladies des voies urinaires.

Liseron des champs. —

Marjolaine. — Maladies nerveuses, étourdissements.

Marrube blanc et noir. — Phtisie, engorgement du foie.

Mauve sauvage. — Maladies inflammatoires.

Mélilot off. — Coliques, vents, rhumatismes.

Mélisse officinale. —

Menthe (variétés). — Maux d'estomac, coliques, névralgies.

Menyanthe. — Scorbut, rhumatismes, gouttes.

Millefeuille. — Plaies, coupures, hémorragies.

Millepertuis perforé. — Coupures, dyssenteries, pierre.

Narcisse des prés. — Convulsions, épilepsies, fièvres intermittentes.

Nerprun. — Purgatif utilisé dans les hydropisies.

Orpin reprise. — Plaies, hémorragies de la poitrine, dyssenteries.

Pariétaire. — Maladies de la vessie.

Patience. — Maladies de la peau.

Pissenlit. — Maladies du foie, jaunisse, hydropisie.

Pomme épineuse. — Toux, asthme.

Quinte feuille. — Diarrhées, dyssenteries.

Rhubarbe indigène. — Diarrhées rebelles, pertes d'appétit.

Saponaire off. — Maladies de la peau.

Sauge off. — Catarrhes, mauvaises digestions, diarrhées.

Scordium. — Préserve des maladies épidémiques et contagieuses.

Seneçon vulg. — Convulsions, hémorrhoïdes, abcès.

Serpolet. — Provoque la sueur, facilite les digestions pénibles.

Thym. — Mêmes propriétés que la précédente.

Tussilage. — Maladies de poitrine.

Valériane. — Hystérie, migraine, épilepsie, vers.

Verveine. — Migraines, maux de gorge, jaunisse, coliques.

Véronique. — Jaunisse, gravelle, pierre, catarrhe pulmonaire.

Violette odorante. — Maladies de poitrine.

V. Plantes fourragères.

GRAMINÉES.

Flouve odorante.		Fétuque (variétés).	
Vulpin	(variétés).	Pâturin,	id.
Fléole,	id.	Brome,	id.
Panis,	id.	Dactyle,	id.
Paspale,	id.	Chiendent,	id.
Agrostis,	id.	Ivraie,	id.
Houlque,	id.	Elyme,	id.
Mélique,	id.	Orge,	id.
Canche,	id.	Seigle,	id.
Fromental,	id.		

LÉGUMINEUSES.

Anthyllide.	Luzerne.
Ers ou lentille.	Mélilot.
Fève.	Sainfoin.
Gesse.	Trèfle.
Lotier.	Vesce.
Lupin.	

VI. Plantes nuisibles à l'agriculture.

Le gui (parasite).	L'orobanche (parasite).
La cuscute, id.	Le chardon (variétés).

L'hématique.

Les mousses et les li-
chens.

Le coquelicot.

Le mélampyre.

Le bluet.

Les ivraies.

La nielle.

Le lierre.

Nous croyons utile de donner ici la manière de recueillir et de conserver les plantes en général.

Les échantillons de bois brut seront fixés sur un carton et étiquetés avec soin. Les bois d'ouvrage peuvent affecter la même disposition, et il conviendrait de représenter chaque espèce par une planchette bien polie, de 0,10 centimètres de long sur 0,02 de large et 0,005 d'épaisseur.

INDICATIONS SOMMAIRES
sur la récolte, la préparation et la dessiccation des plantes pour herbiers [1].

I. Récolte.

Il est indispensable pour les excursions botaniques d'avoir une boîte à herboriser pour le transport des plantes, ainsi qu'un outil pour les arracher.

Tous les organes d'un végétal sont nécessaires pour une bonne détermination. Les espèces herbacées

---

[1] Note fournie par l'Académie des sciences de Dijon.

do moyenne ou de petite taille, devront être entières, c'est-à-dire avoir leurs racines, feuilles, fleurs, et fruits; les bulbes, oignons, tubercules, seront soigneusement arrachés et on les laissera fixés à la plante. Si l'échantillon ne porte pas simultanément des fleurs et des fruits, on le récolte d'abord en fleurs et plus tard en fruits.

Quant aux grandes espèces ligneuses, on détachera des rameaux en fleurs et en fruits.

Les échantillons doivent être récoltés autant que possible par un temps sec; ils ne doivent jamais être lavés, excepté les racines, quand cela est nécessaire, autrement ils noircissent en séchant. Cependant par les grandes chaleurs, on est obligé de mettre dans la boîte à herboriser durant l'excursion, une éponge imbibée d'eau. Cette eau, en se vaporisant, empêche les plantes de s'échauffer et de s'altérer.

II. Dessiccation.

La mise en dessiccation doit commencer le plus tôt possible, c'est-à-dire le jour même ou le-lendemain de la récolte. A cet effet, il est nécessaire d'avoir une certaine quantité de papier gris buvard, ou non collé, d'environ 40 à 50 centimètres de longueur, sur 25 à 30 centimètres de largeur; c'est le format ordinaire des herbiers. On le répartit en cahiers de 4 à 5 feuilles, appelés matelas, et on conserve, en outre, des feuilles simples pour y mettre les échantillons. Chaque échantillon — plusieurs s'ils sont petits, mais de la même espèce — doit être mis dans une feuille simple. Il est utile de bien étaler au moins quelques feuilles de la plante, afin de pouvoir plus tard examiner les deux faces. Les échantillons plus longs que le papier peuvent être pliés une ou plusieurs fois, de manière à ne pas déborder le papier. Il est bon d'étiqueter en ce moment l'échantillon. On trouvera plus loin un modèle d'étiquette.

Les échantillons ainsi apprêtés seront empilés les uns sur les autres, en ayant soin de mettre entre chacun d'eux un matelas. On formera de la sorte un paquet plus ou moins volumineux que l'on mettra ensuite sous presse. La pression ne doit pas être trop considérable, un poids de 15 à 20 kilog. suffit. Le moyen le plus simple consiste à placer le paquet entre deux planches ayant les dimensions du papier, et à mettre des poids par-dessus.

On peut encore exercer une pression au moyen de cordes ou de courroies en cuir. Il est utile d'avoir quelques châssis en bois à claire voie que l'on dissémine dans le paquet, de manière à faire circuler l'air, ce qui hâte la dessiccation.

Tous les jours ou tous les deux jours au moins, les matelas qui s'imbibent de l'eau contenue dans les planches, doivent être enlevés et remplacés par des matelas secs ; il est inutile de changer les feuilles renfermant les échantillons.

Lorsqu'on charge les matelas, on étale pendant quelques instants, mais à l'ombre, les feuilles renfermant les échantillons, pour leur faire prendre l'air et sécher le papier. On empile de nouveau et on remet sous presse.

Cette opération doit être continuée jusqu'à déssiccation complète des plantes, après quoi l'échantillon est mis, avec son étiquette, dans du papier collé de même format que le papier à dessécher.

MODÈLE D'ÉTIQUETTE.

Herbier de M... (Nom), *à...* (Domicile).

Nom vulgaire... (Indiquer le nom sous lequel la plante est connue dans la localité);

Nom scientifique... (Ne pas s'en préoccuper si on ne le connait pas);

Localité... (Nom de la commune sur le territoire de laquelle la plante a été trouvée et lieu dit);

Habitat... (Plaine; montagne; rochers; bois; haute futaie ou taillis; champs cultivés, moissons; prés, pelouses, bords des chemins; étangs; rivières; fossés, etc.);

Nature du terrain... (Calcaire, argileux, marneux, tombeaux, etc.);

Date de la récolte... (Jour, mois et an).

RÈGNE ANIMAL

I. Taxidermie

OU ART D'EMPAILLER ET DE MONTER LES PEAUX

DES MAMMIFÈRES ET DES OISEAUX.

Il serait à désirer que le règne animal eût quelques représentants dans le musée scolaire. Nous ne voulons pas dire par là que l'on doive acheter à grands frais des animaux empaillés chez le naturaliste; non, assurément. Nos modiques ressources ne nous le permettent pas. Il serait bon que chaque maître pût préparer lui-même les principaux types qui doivent composer sa collection zoologique. Au surplus la chose n'est pas très difficile. Nous allons donner à ce sujet quelques conseils que nous nous efforcerons de rendre aussi clairs que possible.

Nous ne prétendons nullement faire ici un traité complet sur l'art d'empailler; cela n'entre point dans le cadre que nous nous sommes tracé. Nous voulons tout simplement dire comment on peut préparer et empailler, à peu de frais, les peaux des oiseaux et des petits mammifères.

Le matériel nécessaire n'est pas bien considérable: deux scalpels, une pince plate et une pince coupante, des ciseaux, une lime, un poinçon et un petit pinceau en crin.

Cela posé, nous allons parler de la première opération qui consiste à dépouiller l'animal, c'est-à-dire à enlever avec un soin méticuleux toutes les chairs.

Pour cela, on fend la peau avec un scalpel, depuis le milieu de la poitrine jusque vers la hauteur des jambes postérieures; on la détache doucement, et on absorbe avec du plâtre en poudre le sang, la graisse et les liqueurs qui pourraient salir les poils ou les plumes; on désarticule entre le fémur et le bassin. On continue à dépouiller vers le bas-ventre en prenant de grandes précautions; on coupe le rectum et, si c'est un mammifère, on arrache la queue de son fourreau. On écorche ensuite vers la tête en retroussant la peau jusqu'au milieu du crâne que l'on coupe à la naissance des oreilles; on nettoie bien le crâne en enlevant les chairs, la cervelle et les yeux.

La tête parfaitement nette, on la rentre dans sa peau; on écorche les jambes en arrachant les muscles, les nerfs, les tendons, et on ne laisse absolument que les os. Après cela on remet les jambes dans la peau.

Mais dans cette opération, il est essentiel de faire un grand usage du plâtre. Il faut en frotter la peau et les os pour enlever l'humidité et les chairs qui s'y trouvent.

Voilà donc, nous supposons, la peau entièrement nettoyée; il faut maintenant songer à lui donner une forme qui approchera le plus possible de celle qu'avait l'animal avant sa mort. Ici commence la seconde opération, l'empaillage.

On prépare d'abord les fils de fer qui doivent former la carcasse. Il en faut cinq d'égale grosseur, — et cette grosseur est calculée d'après la taille de l'animal, — un pour la traverse du corps et quatre pour les jambes. ou deux pour les jambes, et deux pour les ailes si c'est un oiseau.

Les fils de fer qui doivent servir pour les jambes doivent être introduits dans la cuisse; on les fait glisser le long des os et on les fait sortir par la plante des pieds qu'ils dépassent de quelques centimètres, afin de pouvoir fixer l'animal. Il faut aussi que ces mêmes fils de fer dépassent l'humérus et le fémur d'une manière suffisante pour pouvoir les attacher solidement à la traverse. On bourre alors les jambes et les cuisses en entourant l'os de la jambe et le fil de fer avec de la filasse, commençant par en bas, remontant jusqu'à la cuisse et serrant un peu, de manière à remplacer toutes les chairs enlevées. Mais avant de rentrer l'os dans la jambe, il faut le recouvrir d'une bonne couche de savon arsénical. On devra également badigeonner intérieurement la peau de l'animal dans toutes ses parties, avec la même préparation, en même temps que l'on y introduit la filasse.

Si on a affaire à un oiseau, on introduit le fil de fer dans l'aile et on le fait passer entre le radius et le cubitus; on plie l'aile et on la bourre mollement.

On place ensuite le fil de fer de la traverse qui doit se loger dans le crâne et ressortir à l'extrémité de la queue. Préalablement on aura fait à l'endroit de ce fil de fer qui occupe le milieu du corps, une boucle destinée à recevoir les fils de fer des jambes et des ailes et à les y fixer fortement.

Quand les jambes et les ailes ont été préparées comme nous l'avons dit, il faut passer les fils de fer dans l'anneau du milieu et les y fixer solidement en les retournant plusieurs fois sur eux-mêmes. Les jambes en particulier ne doivent nullement vaciller autrement l'animal ne pourrait prendre une pose convenable, ce qui serait un grave défaut.

Une fois la charpente dressée, on bourre l'animal, en remarquant bien que la peau du cou est plus longue que le cou lui-même et forme des replis plus ou moins prononcés. On devra tenir compte de cette circonstance pour ne pas bourrer le cou dans toute sa longueur. On bourre les yeux avec du coton haché; les joues, la tête, le cou et le reste du corps avec de l'étoupe coupée. On continue à bourrer en remplaçant toutes les chairs par de la filasse, et au fur et à mesure que l'opération se continue, on coud le ventre en commençant à la poitrine. On ramollit ensuite les paupières et on pose les yeux.

La troisième opération, la plus difficile assurément, consiste à donner à l'animal une attitude qui approche, autant que faire se peut, de la nature. A la vérité, ce n'est pas du premier coup que l'on réussira parfaitement; il faut pour ainsi dire faire son apprentissage et s'attendre à plus d'une déception. Cependant il faut ajouter bien vite que généralement on est amplement dédommagé de la peine que l'on se donne et que souvent le succès dépasse toute attente.

Avant de terminer nous ferons une petite remarque : si les plumes ou les poils sont ensanglantés, on fait dissoudre du savon dans de l'eau et on lave les taches en imbibant les poils, on saupoudre ensuite avec du plâtre pulvérisé ; mais comme la première couche forme croûte, on l'enlève et on continue à sécher avec le plâtre jusqu'à ce que l'animal ait repris tout son lustre.

Nous croyons en avoir dit assez sur ce sujet pour être compris. C'est pour avoir employé ces procédés que nous avons réussi nous-même à empailler quelques spécimens pour notre musée. Sans doute une main mieux exercée leur aurait donné plus de grâce et de fini; cependant, nous croyons pouvoir dire sans orgueil qu'ils peuvent figurer avantageusement dans un musée scolaire.

A l'œuvre donc, et sachons sacrifier quelques moments de loisir à un travail aussi utile pour le bien des élèves, qu'intéressant pour le maître qui s'y livre. Nous ajouterons même que l'on arrive à se passionner pour cette sorte de travail qui, de prime abord, présente en effet quelques difficultés.

Voici la formule du savon arsenical dont il est parlé ci-dessus.

Savon de Bécœur.

Eau....	1 kilogr.	Arsenic pulvérisé.	1 kgr.
Sel de tartre....	0,375 gr.	Camphre.........	0,153 gr.
Savon blanc....	1 kilogr.	Chaux en poudre.	0,250 gr.

MANIÈRE DE LE PRÉPARER. — « On coupe le savon en très petits morceaux, on le met dans une terrine de grès sur un feu doux et on y mêle une petite quantité d'eau pour faire fondre à mesure que l'on remue avec une spatule en bois : lorsque le savon est bien fondu, qu'il ne reste aucun grumeau, on le retire du feu, et l'on ajoute le sel de tartre pulvérisé ; on remue jusqu'à ce qu'il soit bien fondu et amalgamé, puis on y mélange, par parties et successivement, la chaux et l'arsenic ; le mélange prend de la consistance et on triture jusqu'à ce qu'il soit parfait, c'est-à-dire jusqu'à ce que les parties soient entièrement incorporées et fondues les unes avec les autres.

« Lorsque le tout sera bien refroidi, on pensera à y ajouter le camphre, mais pas avant, car si la composition avait encore la moindre chaleur, celui-ci s'évaporerait en tout ou en partie. Pour cela on le pulvérisera dans un mortier, en y mêlant un peu d'esprit-de-vin pour le rendre friable, ou bien on le fera dissoudre dans une quantité suffisante d'esprit; on remuera avec la spatule jusqu'à ce que le mélange soit parfait.

« Dès ce moment le préservatif est bon à être employé au besoin.

« Pour le conserver, on le met dans un pot de grès vernissé à l'intérieur, ou dans un vase de faïence avec la précaution de le boucher le mieux possible et de le tenir dans un lieu frais pour qu'il ne dessèche pas.

« Quand on veut s'en servir, il suffit d'ajouter un peu d'eau.

« Pour les grands animaux, on peut allonger le préservatif en y ajoutant de la chaux pulvérisée [1]. »

Nous allons maintenant dresser le catalogue des principaux animaux utiles ou nuisibles qui peuvent figurer dans un musée.

Toutes les espèces seront soigneusement étiquetées, et l'étiquette doit être proportionnée à la grosseur de l'animal. Il serait bon de distinguer les espèces utiles des espèces nuisibles par des étiquettes de couleurs différentes.

II. Mammifères utiles.

Le hérisson (*Erinaceus Europæus*). — Détruit une foule d'animaux nuisibles à nos champs et à

---

[1] Tiré du *Manuel Roret*.

nos vergers, tels que rats, souris, mulots, vers, insectes, chenilles, limaces, limaçons, escargots, etc.

De plus, le hérisson attaque et dévore la vipère sans craindre son venin qui n'a sur lui aucune action.

La musaraigne ou musette (*Sorex araneus*). — Dans les campagnes, on croit généralement que la morsure de ce gracieux animal est très dangereuse pour les bestiaux. La musaraigne n'est nullement venimeuse; elle est au contraire bien utile puisqu'elle détruit une grande quantité de vers, de limaces et d'insectes nuisibles.

Il existe une espèce de musaraigne que l'on rencontre sur le bord des eaux. Elle fait la chasse aux insectes aquatiques, aux vers et aux petites grenouilles.

Les chauves-souris (*Vespertilio pipistrellus*). — Se nourrissent principalement de cousins, papillons de nuit, hannetons.

Détruire les préjugés absurdes dont sont l'objet ces innocentes créatures que l'on considère comme des animaux immondes et malfaisants.

Le grand fer à cheval (*Rhinolphus unihastatus*).

Le petit fer à cheval (*Rhinolphus bihastatus*).

La taupe (*Talpa Europæa*). — Se nourrit exclusivement de vers de terre, de limaces, d'insectes, de larves, de hannetons, de courtilières. Elle détruit également les mulots, les souris et plusieurs autres petits animaux nuisibles.

III. Mammifères nuisibles.

La belette (*Mustela vulgaris*). — Pénètre dans les poulaillers et les colombiers; mange les œufs, attaque les poussins, les pigeonneaux et les jeunes volailles.

La belette nous rend cependant quelques services en détruisant un nombre considérable de souris, de mulots, de rats et de loirs.

La fouine (*Mustela foina*). — S'introduit dans les clapiers, les poulaillers, les colombiers, et en égorge tous les habitants.

Le putois ou puant (*Mustela putorius*). — Tire son nom de l'odeur infecte qu'il exhale. Le putois a les mêmes mœurs que la fouine. Comme cette dernière, il dévaste les fermes et se contente le plus souvent de sucer le sang et de manger la cervelle de ses victimes.

L'écureuil (*Sciurus vulgaris*). — Nuisible aux forêts : ronge les arbres, coupe les jeunes rejetons; il mange les fruits, les semences; il attaque les petits oiseaux.

Le loir. — Assez rare. Se nourrit comme l'écureuil de fruits, de graines, de jeunes pousses; il ne respecte pas non plus les nids des petits oiseaux.

Le lérot (*Myoxus nitela*). — Se promène sur les arbres et les espaliers dont il détruit les meilleurs fruits; il s'attaque particulièrement aux raisins, aux pêches et aux abricots.

Le surmulot (*Mus. decumanus*). — Détruit les lapereaux, les poules, les pigeonneaux; pénètre dans les greniers et les granges où il commet des dégâts considérables.

Le rat d'eau (*Arvicola amphibius*). — Coupe les racines et l'écorce des arbres, détruit les plantations voisines des cours d'eau; se nourrit de petits poissons, de frai et d'insectes aquatiques.

Le mulot (*Mus. sylvaticus*). — Grand rat des champs. Très répandu dans les bois où il fait de grands ravages en rongeant les jeunes pousses et les écorces des arbres. Il est aussi très nuisible aux grains et aux racines que l'on conserve dans les granges.

Le campagnol (*Arvicola arvalis*). — Petit rat des champs. Infeste les champs et les jardins; coupe les tiges des céréales et ravage les terres nouvellement ensemencées.

La souris (*Mus. musculus*). — Pénètre dans les maisons et dans les meubles où elle grignotte le linge, les livres, et n'épargne absolument rien.

IV. Reptiles et Batraciens utiles.

La couleuvre verte et jaune (*Zamenis veridiflavus*).

La couleuvre à collier (*Tropidonotus natrix*).
Ces deux espèces détruisent une grande quantité de mulots, de vers et d'insectes; parfois elles s'introduisent dans les nids, et dévorent les petits oiseaux et leur couvée.

La couleuvre vipérine (*Tropidonotus viperinus*). — A beaucoup de ressemblance avec la vipère.
Il importe que les enfants sachent distinguer ces deux reptiles.

L'orvet ou serpent de verre (*Anguis fragilis*). — Ainsi nommé, parce qu'il est très cassant. Il se nourrit d'insectes, de limaces et de vers.

Le lézard gris ou lézard des murailles (*Lacerta muralis*). — Se nourrit de mouches, de vers de terre, de limaces, de grillons, de sauterelles et autres insectes.

Le lézard vert (*Lacerta viridis*). — Tout aussi inoffensif que le précédent; il est essentiellement insectivore.

La salamandre terrestre (*Salamandra maculosa*). — Détruit des limaces, des vers et des insectes.

La salamandre aquatique ou triton : ponctué (*punctatus*); palmé (*palmatus*); crêté (*cristatus*); marbré (*marmoratus*).

Toutes les espèces de salamandres détruisent beaucoup de limaces et d'insectes; elles sont complètement inoffensives.

La grenouille verte (*Rana viridis*). — Fait une guerre active aux insectes. Les cuisses de cet animal forment un mets assez recherché.

La grenouille d'arbre ou rainette (*Hyla viridis*). — Habite les bois où elle poursuit les insectes de branche en branche.

Le crapaud (*Bufo vulgaris*). — Cet être est tout à fait inoffensif; il détruit les limaces, les vers et les insectes.

V. Reptiles nuisibles.

La vipère (*Vipera berus*). — Habite principalement les lieux boisés et pierreux.

L'aspic (*Vipera aspis*). — Cette espèce et la précédente ont une morsure extrèmement dangereuse, pouvant occasionner la mort.

Dans le musée il sera bon de placer à côté de la vipère un petit flacon d'ammoniaque, un flacon d'acide phénique et un fragment de nitrate d'argent.

VI. Insectes.

Dans la chasse aux insectes il est bon de colliger tous ceux qui se présentent; car il n'est pas toujours facile de reconnaître l'identité de l'espèce qu'on rencontre.

On trouve des insectes partout, dans les champs, dans les bois, sur les chemins, sur les routes, sur les fleurs; cependant il est quelques lieux particuliers qu'il est bon de visiter et où l'on peut faire de riches trouvailles.

Ainsi les recherches faites sous les pierres, les bois, les mousses, le long des rivières, principalement après les inondations, peuvent être très fructueuses. Les sablonnières, les fourmilières, les arbres morts, ceux qui ont des plaies, les écorces d'arbres à moitié soulevées; les matières excrémentielles et putréfiées, les fumiers, les champignons, les grottes humides sont autant de lieux qu'il ne faut pas négliger si l'on tient à faire d'abondantes récoltes.

La chasse aux insectes se fait de plusieurs façons. Généralement on les prend à l'aide d'un filet appelé *fauchoir*. Ce filet se compose d'un sac en toile fixé à un cercle en fer supporté par un manche.

On se sert du fauchoir pour détacher les insectes des plantes et pour pêcher les espèces aquatiques.

Un grand nombre de coléoptères et d'hémiptères sont simplement recueillis à la main.

Pour s'emparer de certains insectes, il est très utile d'avoir une pince; mais pour ceux qui sont très petits, il suffit ordinairement d'humecter le doigt et de le poser doucement sur l'insecte.

Au fur et à mesure que l'on capture les insectes, on les introduit dans un flacon à large goulot contenant de la sciure de bois blanc imbibée de quelques gouttes de benzine.

Les papillons étant très sujets à se détériorer, on ne les mettra point dans la sciure de bois. Voici la manière de les asphyxier promptement; on pourra du reste se servir de ce moyen pour tuer indistinctement tous les insectes.

On introduit les insectes dans un flacon à très large goulot au fond duquel on aura mis 2 ou 3 gr. de cyanure de potassium; on ferme le flacon, et au bout de quelques minutes l'asphyxie est complète. Il conviendrait cependant que le cyanure fût enveloppé d'un morceau d'amadou, de ouate de coton, le tout couvert de papier percé de trous pour laisser libre cours aux émanations; mais il faut que ce flacon ferme hermétiquement, car les émanations du cyanure sont dangereuses à respirer.

Un entomologiste distingué, qui possède plus de 12.000 espèces, me conseillait naguère le moyen suivant qu'il emploie depuis longtemps pour asphyxier et conserver les coléoptères : à mesure que l'on capture les insectes, on les introduit dans un flacon contenant des feuilles de laurier-cerise hachées menues. L'asphyxie, il est vrai, est un peu plus lente, mais on peut y laisser les insectes très longtemps sans que pour cela leurs couleurs soient altérées. On peut aussi ramollir et conserver frais les papillons en les piquant sur le ·bouchon. Il faut seulement choisir les feuilles de laurier-cerise bien mûres, et non les jeunes pousses; placer le vase au frais et dans l'obscurité; changer les feuilles lorsqu'on s'aperçoit qu'elles jaunissent ou qu'elles ont quelques traces de moisissure.

On pique les coléoptères sur l'élytre droit, et les autres insectes au milieu du corselet; on se sert d'épingles bien aiguës et flexibles, appelées *épingles entomologiques* dont la grosseur varie suivant la taille des insectes.

Pour les tout petits sujets, on les colle sur une petite bande de fort papier ou sur une paillette de mica.

Pour fixer les épingles dans les boîtes, on se sert d'une pince dont l'extrémité est recourbée. Il faut que les insectes soient entièrement desséchés à l'air avant de les placer dans les boîtes dont le fond doit être garni de liège, recouvert de papier blanc.

Ces boîtes seront placées dans un endroit bien sec et fermeront hermétiquement pour empêcher que les mites, les anthrènes et les autres petits insectes destructeurs ne s'y introduisent. Il est bon de mettre dans chaque boîte un petit tampon de coton ou d'amadou, ou même un morceau d'éponge, imbibé d'un mélange de benzine et d'acide phénique, en parties égales. Mais il ne faut pas oublier, comme on l'a dit avec raison, que la propreté est l'hygiène des collections. Si l'on aperçoit des traces de moisissure, il suffit de nettoyer la partie attaquée avec un pinceau imbibé d'un mélange contenant un gramme d'acide phénique dans 15 grammes d'éther ou d'alcool rectifié.

VII. Insectes utiles.

Les abeilles. — Demandent très peu de soins et fournissent beaucoup de produits ; elles favorisent en outre la fructification des plantes en transportant le pollen d'une fleur dans une autre.

Le ver à soie ou *bombyx du mûrier.* — Fabrique un cocon d'un fil blanc, jaune ou verdâtre, composé de couches de soie superposées dont on fait nos étoffes les plus précieuses.

La cochenille. — Fournit une très belle couleur employée pour la teinture des étoffes et pour la préparation du carmin.

La cantharide. — Sa dépouille, douée de propriétés irritantes, est employée en médecine pour la fabrication des vésicatoires.

Le carabe (*variétés*). — Très utile, toujours en quête d'une proie. Détruit une grande quantité d'insectes herbivores nuisibles à nos cultures.

Le calosome (*variétés*). — Vit dans les bois et

sur les arbres où il fait une chasse active aux chenilles.

La cicindèle (*variétés*). — Poursuit les moucherons et autres petits insectes dont elle fait sa nourriture. La larve de la cicindèle champêtre est également très utile.

La féronie (*variétés*). — Chasse aux proies vivantes dans les champs, au bord des chemins.

Le harpale bronzé. — Fait une grande destruction de larves et de petits insectes.

L'amare. — Très répandu dans les carrefours des villages et des villes. Très utile.

Le staphylin (*variétés*). — Fait une grande chasse aux chenilles, limaces et autres insectes nuisibles.

La coccinelle ou *bête au bon Dieu*. — Se nourrit exclusivement de pucerons. Sa larve est très utile.

Les nécrophores. — Enfouissent les rats, les taupes, mulots et autres petits animaux morts; ils déposent ensuite leurs œufs dans le corps de ces animaux pour qu'en naissant les larves trouvent la nourriture qui leur convient.

L'hémerobe. — Ne vit que quelques heures. Sa larve dévore les pucerons qui font périr nos plantes.

Les silphes ou *boucliers*. — S'attaquent aux petits mammifères et aux oiseaux morts qu'ils rencontrent dans les bois et les champs. Très utiles pour la salubrité publique.

L'ichneumon (*variétés*). — Se nourrit exclusivement du suc des fleurs. Il ne dévore pas les chenilles;

mais il introduit ses œufs sous leur peau. Les larves qui éclosent se nourrissent aux dépens de la chenille et finissent le plus souvent par lui donner la mort.

Le drille flavescent. — Détruit les colimaçons.

Le sphex. — Suce le pollen et le nectar des fleurs ; mais sa larve, comme celle de l'ichneumon, ne se nourrit que de proies vivantes.

Le lampyre. — Très carnassier, principalement à l'état de larve ; pénètre dans la coquille des colimaçons et en tue l'habitant.

L'odynère ou *guêpe solitaire*. — Détruit les chenilles de la pyrale et les larves des charançons.

La scolopendre fourchue ou *Mille-pattes.* — Détruit une grande quantité d'insectes nuisibles.

VIII. Insectes nuisibles.

Le taon. — Avide du sang des animaux. Attaque surtout les bœufs et les chevaux.

L'œstre (*variétés*). — Sa larve vit en parasite sur les animaux.

Le hanneton. — Sa larve attaque les racines d'un grand nombre de plantes. A l'état ailé, le hanneton commet aussi de grands dégâts.

La pyrale du pommier. — La larve détruit les feuilles et les fleurs du pommier.

La pyrale de la vigne. — La larve vit dans l'intérieur des grappes, coupe le pédoncule et fait tomber les grains.

Le cephus pygmée. — Perce les tiges de blé ou de seigle pour y introduire ses œufs. La larve se nourrit de la moelle du chaume.

Le saperde grêle. — Comme le précédent, s'attaque aux épis de blé dont il ronge le chaume près de l'épi, laissant cependant l'épiderme intact.

Le chlorops à lignes. — Très nuisible au blé et au seigle dont il empêche la végétation.

La cécidomye du froment. — La larve de ce petit moucheron dépose ses œufs dans la tige et fait avorter les épis.

Le rhynchite bacchus. — Très nuisible aux vignes.

La courtilière ou *taupe-grillon*. — Commet de grands dégâts dans les semis, les plantations.

Le forficule ou *perce-oreilles*. — Très nuisible aux fleurs et aux fruits.

Le taupin. — Sa larve ronge les racines et le collet des céréales, et fait périr les plantes attaquées.

L'altise. — Très nuisible aux plantes, principalement aux lins, aux choux, aux colzas et aux navets.

L'alucite ou *teigne des blés*. — La larve perfore les grains de blé pour y chercher sa nourriture.

Le charançon du blé ou *calandre*. — Très nuisible aux grains de blé dans lesquels vivent les larves.

Le charançon du trèfle. — La larve vit dans les fleurs du trèfle qu'elle ronge et détruit.

L'agromyze à pieds noirs. — S'attaque à l'avoine

et aux feuilles de luzerne dont elle ronge le parenchyme.

L'athalie. — Sa larve cause un mal considérable aux navets dont elle ronge les feuilles.

La bruche du pois. — La larve se loge dans les pois et en brise l'épiderme pour sortir.

Le cryptophage. — Dévore les jeunes plantes et les graines des semailles.

Le cerf-volant. — La larve creuse de profonds trous dans les troncs d'arbres.

Le dermeste du lard. — S'attaque aux viandes et aux peaux.

L'anthrène des musées. — Pénètre dans les boîtes d'insectes et dépose ses œufs sur leurs corps desséchés.

Le ptine. — Infeste les provisions, les matières animales sèches, les collections.

L'Eumolpe ou *écrivain*. — Commet de grands dégâts dans les vignes.

Le scolyte destructeur. — S'attaque aux arbres, principalement à l'orme.

La vrillette ou *horloge de la mort*. — Perce les bois, les collections, les livres, etc.

La saperde requin. — Très nuisible aux jeunes plantations de peupliers et de trembles.

Le grand capricorne. — Sa larve cause de profondes galeries dans l'intérieur des gros chênes et gâte les plus belles pièces de bois.

Le dytique bordé. — S'attaque aux petits poissons et au frai, aux œufs des écrevisses.

Les maîtres, qui désireraient faire une collection plus complète, pourront s'inspirer de la liste ci-dessous que nous empruntons au catalogue de M. E. Deyrolle. Le nom français est suivi du nom scientifique.

INSECTES UTILES

ORDRE DES COLÉOPTÈRES

Cicindélides. Cicindèle champêtre Cicindela campestris.
— Cicindèle germanique. Cicindela germanica.
— Cicindèle hybride. Cicindela hybrida.
Carabides. Procuste rugueux. Procustes coriaceus.
— Carabe des champs. Carabus arvensis.
— Carabe doré. Carabus auratus.
— Carabus hispanus.
— Calosome sycophante. Calosoma sycophanta.
— Calosome inquisiteur. Calosoma inquisitor.
— Scarite géant. Scarites gigas.
Staphylinides. Staphylin odorant. Ocypus olens.
— Staphylin à mâchoires. Creophilus maxillosus.
Silphides. Nécrophore fossoyeur. Necrophorus fossor.
— Nécrophore. Necrophorus vespillo.
Histérides. Hister des cadavres. Hister cadaverinus.
— Hister noirâtre. Saprinus nitidulus.
Lampyrides. Ver luisant. Lampyris nocticula.
Téléphorides. Téléphore livide. Telephorus lividus.
— Téléphore noirâtre. Telephorus nigricans.
— Téléphore fauve. Telephorus fuscus.
Clérides. Clairon militaire. Clerus mutillarius.
— Clairon formicaire. Clerus formicarius.
Méloïdes. Cantharide. Cantharis vesicatoria.
Coccinellides. Coccinelle à 7 points. Coccinella 7 punctata.
— Coccinelle à 16 gouttes. Halizia 16 guttata.
— Coccinelle à 12 gouttes. Vibidia 12 guttata.
— Coccinelle à 22 points. Thea 22 punctata.

ORDRE DES ORTHOPTÈRES

Mantides. Mante religieuse. Mantis religiosa.

ORDRE DES NÉVROPTÈRES

Subulicornes. Libellule vierge. Calopteryx virgo.
— Agrion pâle. Agrion pallida Fab.
Planipennes. Fourmilion. Palpares libelluloides.
— Panorpe scorpion. Panorpa communis.
— Panorpe germanique. Panorpa germanica.
— Némoure nébuleuse. Nemoura nebulosa.
— Sialis. Sialis fuliginosa.
— Ephémère vulgaire. Ephemera vulgata.
Plicipennes. Phrygane. Halesus digitatus.
— Phrygane. Halesus trifidus.
— Anobolie. Anobolia furcata.

ORDRE DES HYMÉNOPTÈRES

Térébrants. Ichneumon. Ichneumon fabricator.
— Ichneumon. Ichneumon luctatorius.
— Ichneumon. Tryphon elegantulus.
— Microgastre. Microgaster glomeratus.
— Microgastre. Microgaster insidens.
— Ophion. Ophion luteus.
— Abeille reine. Apis mellifica.
— — mâle. —
— — neutre. —

ORDRE DES LÉPIDOPTÈRES

Bombycides. Ver à soie du mûrier. Sericaria mori.
— Chenille de ver à soie du mûrier.
— Cocon de ver à soie du mûrier.
— Chrysalide.
— Ver à soie de l'ailante. Saturnia cynthia.
— Cocon de ver à soie de l'ailante.
— Ver à soie du chêne. Saturnia mylitta.
— Cocon de ver à soie du chêne.

ORDRE DES DIPTÈRES

Brachocères. Syrphe. Syrphus ribesii.
— Syrphe. Syrphus balteatus.

INSECTES NUISIBLES

ORDRE DES COLÉOPTÈRES

Carabides. Zabre bossu. Zabrus gibbus.
— Amare triviale. Amara trivialis.
Dytiscides. Dytique bordé. Dytiscus marginalis.
— Dytique ponctué. Dytiscus punctulatus.
— Acilie sillonnée. Acilius sulcatus.
— Pelobie d'Hermann. Pelobius Hermanni.
Silphides. Silphe obscure. Silpha obscura.
— Silphe noirâtre. Silpha nigrita.
Dermestides. Dermeste du lard. Dermestes lardarius.
— Dermeste des pelleteries. Attagenus pellio.
— Anthrène des musées. Anthrenus museorum.
Lucanides. Cerf-volant. Lucanus cervus.
— Petite biche. Dorcus parallelipipedus.
Scarabœides. Lethrus à grosse tête. Lethrus cephalotes.
— Hanneton. Melolontha vulgaris.
— Hanneton foulon. Polyphylla fullo.
— Rhysotrogue œstivale. Rhysotrogus estivus.
— Rhysotrogue du pin. Rhysotrogus pini.
— Hanneton des jardins. Phyllopertha horticola.
— Cétoine dorée. Cetonia aurata.
— Trichius à bandes. Trichius fasciatus.
Buprestides. Agrille verte. Agrilus viridis.
Elatériades. Taupin gris-de-souris. Lacon murinus.
— Taupin noir. Melanotus niger.
— Taupin. Athous hœmorrhoïdalis.
Clérides. Clairon des abeilles. Trichodes apiarius.
— Clairon des alvéoles. Trichodes alvearius.
Sinoxylides. Apaté capucin. Apate capucina.
Ténébrionides. Ténébrion meunier. Tenebrio molitor.
Curculionides. Strophosome du coudrier. Strophosomus
    coryli.
— Strophosome obèse. Strophosomus obesus.
— Bécare. Otiorhynchus ligustici.
— Charançon noir. Otiorhynchus niger.
— Charançon des artichauts. Larinus cynarœ.
— Charançon cylindrique. Lixus cylindricus.
— Apion. Apion pubescens.
— Apion du trèfle. Apion trifolii.
Scolytides. Bostriche du frêne. Hylesinus fraxini.

Bruchides. Bruche des grains. Bruchus granarius.
Cérambycides. Ergate. Ergates faber.
— Capricorne noir. Cerambyx heros.
— Capricorne noduleux. Cerambyx nodulosus.
— Petit capricorne noir. Cerambyx Scopolii.
— Capricorne musqué. Aromia moschata.
— Capricorne des roses. Aromia rosarum.
— Callidie sanguin. Callidium sanguineum.
— Callidie de l'aulne. Callidium alni.
— Clyte arqué. Clytus arcuatus.
— Clyte à 4 points. Clytus quadripunctatus.
— Lamie charpentier. Œstyonomus œdilis.
— Saperde chagrinée. Saperda carcharias.
— Saperde du peuplier. Saperda populnea.
Chrysomélides. Écrivain. Bromius vitis.
— Chrysomèle américaine. Chrysomela americana.
— Chrysomèle de la menthe. Chrysomela menthastri.
— Chrysomèle du peuplier. Chrysomela populi.
— Altise de la vigne. Altica ampelophaga.
— Casside. Cassida viridis.
— Doryphore de la pomme de terre. Leptinotarsa decemli-
     neata.
— Larve de Leptinotarsa.

ORDRE DES ORTHOPTÈRES

Coureurs. Forficule perce-oreille. Forficula auriculariá.
Coureurs blattaires. Blatte orientale ou cafard. Kakerlac
     orientalis.
Sauteurs grylliens. Grillon des champs. Gryllus campestris.
— Courtilière. Gryllotalpa vulgaris.
Sauteurs locustiens. Sauterelle porte-selle. Ephippiger vitium
     Serv.
— Sauterelle verte. Locusta viridissima.
Sauteurs acridiens. Criquet bleu. Œdipoda cœrulea.
— Criquet à 2 lignes. Stenobothrus bilineatus.
— Criquet à 2 gouttes. Stenobothrus biguttatus.
— Criquet. Stenobothrus polichroa.

ORDRE DES HYMÉNOPTÈRES

Térébrants serrifères. Tenthrède de la rose. Athalia rosœa.
— Tenthrède noire. Selandria morio bicincta.
— Tenthrède. Erio campa nitida.

— Tenthrède bordée. Allanthus marginellus.
— Tenthrède à 2 ceintures. Macrophya.
— Tenthrède. Macrophya neglecta.
Porte-aiguillons diploptères. Poliste. Polistes gallicus.
— Nid de Poliste.
— Guêpe commune. Vespa vulgaris.
— Guêpe allemande. Vespa germanica.
— Larve de guêpe.
Porte-aiguillons fouisseurs. Philante apivore. Philantus api-
    vorus.
— Philante. Philantus triangulum.
Porte-aiguillons hétérogyne. Fourmi. Lasius alienus ou neutre.
— Fourmi rousse. Formica rufa.
— Fourmi. Myrmica barbara.
Porte-aiguillons. Bourdon violet. Hylocopa violacea.
— Bourdon des mousses. Bombus muscorum.
— Bourdon des champs. Bombus terrestris.

ORDRE DES HÉMIPTÈRES

Hétéroptères géocorises. Punaise ornée. Strachia ornata.
— Punaise des jardins. Carpocoris verbasci.
— Punaise aptère. Pyrrochoris aptera.
— Lygœus des bois. Lygœus saxatilis.
— Lygœus militaire. Lygœus militaris.
Hétéroptères hydrocorises. Punaise d'eau. Notonecta glauca.
— Ranatre linéaire. Ranatra linearis.
— Hydromètre. Hydrometra lacustris.
— Nèpe cendrée. Nepa cinerea.
Homoptères auchénorhynques. Cigale. Cicada plebeja Scop.
— Petite cigale. Cicada orni Lin.

ORDRE DES LÉPIDOPTÈRES

Rhopalocères. Grand porte queue. Papilio machaon.
— Apollo. Parnassius apollo.
— Piéride du chou. Pieris brassicæ.
— Papillon gazé. Leuconœa cratœgi.
— Grande tortue. Vanessa polychloros.
— Petite tortue. Vanessa urticæ.
— Morio. Vanessa antiopa.
— Grand mars changeant. Apatura iris.
Hétérocères sphingides. Sphinx de l'euphorbe. Deilephila
    euphorbiæ.
— Sphinx de la vigne. Deilephila elpenor.

— Sphinx du tilleul. Smerinthus tiliæ.
Hétérocères bombycides. Callimorphe. Callimorpha dominula.
— Ecaille martre. Chelonia caja.
— Bombyx disparatre. Liparis dispar.
— Bombyx apparent. Liparis salicis.
— Bombyx à cul brun. Liparis chrysorrhœa.
— Bombyx du chêne. Bombyx quercus.
— Bombyx laineux. Bombyx lanestris.
— Bombyx feuille morte. Lasiocampa quercifolia.
— Grand paon de nuit. Saturnia pyri.
— Petit paon de nuit. Saturnia carpini.
— Cossus gâte-bois. Cossus ligniperda.
— Hepiale du houblon. Hepialus humuli.
Hétérocères noctuélides. Noctuelle du chou. Mamestra brassicæ.
— Noctuelle des moissons. Agrotis segetum.
— Noctuelle de l'ortie. Abrostola urticæ.
— Lichenée bleue. Catocala fraxini.
L'étérocères phalénides. Phalène du groseillier. Abraxas grosulariata.
— Phalène défeuillante. Hybernia defoliaria.
— Phalène hemiale. Cheimotobia brumata.

ORDRE DES DIPTÈRES

Némocères. Tipule. Tipula oleracea.
— Bibion Saint-Marc. Bibio Marci.
—   —   —   — hortulanus.
Brachocères. Œstrus equi (larve).
— Eristale tenace. Eristalis tenax.
—   —   bronzée.   —   œneus.
— Echynomie. Echynomia fera.
— Mouche cœsar. Lucilia cœsar.
—   —   à viande. Calliphora vomitaria.
— Mouche à ventre noir. Calliphora nigriventris.
Pupipares. Leptotène du cerf. Leptotenia cervi.

IX. Oiseaux utiles.

La chouette (*Strix flammea*). — Appelée aussi
effraie ou *fresaie.* Rapace nocturne. Fait une chasse

active aux papillons, chenilles, hannetons, mulots et campagnols.

La cresserine (*Falco cenchris*). — Rapace diurne. Fait la chasse aux reptiles, aux insectes.

L'hirondelle (*Hirundo rustica*). — Son large bec lui permet de happer au vol un grand nombre d'insectes dont elle se nourrit.

Le martinet (*Gypelus apus*). — Comme l'hirondelle, le martinet est un puissant destructeur d'insectes.

L'alouette (*Alauda arvensis*). — Très utile. Détruit beaucoup d'insectes rongeurs, de mauvaises herbes, de larves et de vermisseaux.

L'étourneau (*Iturnus vulgaris*). — Détruit un nombre considérable de chenilles, vers, escargots, sauterelles. Délivre le bétail des taons, mouches et autres parasites.

La fauvette à tête noire (*Sylvia atricapilla*). — Fait une grande chasse aux teignes, aux larves des pyrales et à beaucoup d'autres insectes.

La fauvette des jardins (*Sylvia hortensis*).

La fauvette babillarde (*Sylvia garula*).

Le rouge-gorge (*Rubecula familiaris*). — Détruit beaucoup d'insectes et de larves.

La mésange bleue (*Parus cœruleus*). — Débarrasse nos arbres des nombreux insectes qui les dévorent.

Le moineau (*Fringilla*). — Mange beaucoup de chenilles, de sauterelles, de scarabées, de pucerons, de hannetons, de vers, et de larves de toutes sortes. Tous ces services doivent lui faire pardonner les larcins de graines dont il se rend coupable.

Le coucou (*Cuculus vulgaris*). — Eminemment utile. Se nourrit de noctuelles, de processionnaires et autres chenilles velues que ne mangent pas les autres oiseaux.

Le grimpereau (*Certhia familiaris*). — Recherche les insectes sous l'écorce des arbres.

Le pic ou **pivert** (*Picus viridis*). — Se nourrit de larves et d'insectes qui vivent dans les bois.

Le roitelet (*Regulus cristatus*). — Fait une grande consommation d'œufs d'insectes et de larves.

Le rossignol (*Philomela luscinia*). — Détruit une quantité prodigieuse de chenilles, papillons et autres insectes.

L'engoulevent ou **crapaud-volant** (*Caprimulgus Europæus*). — Poursuit infatigablement les phalènes et autres papillons nocturnes dont il se nourrit exclusivement.

La bergeronnette (*Budites flavus*). — Mange beaucoup d'insectes, débarrasse les animaux domestiques des parasites qui se trouvent dans leur fourrure.

Le merle noir (*Turdus merula*). — Sa principale nourriture se compose d'insectes; il mange cependant quelques baies.

Le loriot (*Oriolus galbula*). — Se nourrit d'insectes et de larves.

X. — Oiseaux nuisibles.

FAMILLES — GENRES — ESPÈCES.

1er ordre. *Oiseaux de proie.*

DIURNES.	Gypaète	barbu.
	Faucon	pèlerin, émerillon, Kobez, hobereau, cresserelle, concolou. Eléonore.
	Circaète	fauve, bonelli, criard. Jean-le-Blanc.
	Balbuzard	fluviatile.
	Pygargue	ordinaire.
	Autour	vulgaire.
	Milan	royal. noir.
	Buse	commune, pattue.
	Buzard	des marais, Montaigu. Saint-Martin.
NOCTURNES.	Hibou	grand-duc.

2e ordre. *Passereaux.*

DENTIROSTRES.	Pie grièche	grise.
CONIROSTRES.	Bec-croisé	des pins.
	Corbeau	noir.
	Corneille	noire. mentelée.

4ᵉ ordre. *Gallinacés.*

| PASSÉRIPÈDES. | Colombe | { ramier.
colombin.
biset. |

6ᵉ ordre. *Palmipèdes.*

PLONGEURS.	Grèbe	{ huppé. jou-gris.
	Plongeon	{ imbrim. lumme. cat-marin.
LONGIPENNES.	Pétrel	puffin.
	Goëland	{ à manteau noir. à manteau gris.
TOTIPALMES.	Cormoran Fou	ordinaire. de Bassan.
LAMELLIROSTRE.	Harle	{ vulgaire. huppé.

SECTION INDUSTRIELLE

I. Vêtement.

1. Le lin.
2. Le chanvre.
3. Le coton.
4. La laine.
5. La soie.
6. Etoffes diverses.

II. Chaussure. — Cuirs.

1. Cuirs mous : Veau, vache, cheval.
2. Cuirs minces : Chèvre, mouton.
3. Cuirs forts : Cheval, bœuf, buffle, mulets.
4. Cuirs vernis.
5. Chagrin.
6. Maroquin.
7. Mouton maroquin.
8. Basane.

III. Alimentation.

1. CÉRÉALES : Blé, seigle, orge, avoine, sarrasin, riz, maïs, millet.
2. LÉGUMINEUSES : Haricots, pois, fèves, lentilles, etc.

3. CONDIMENTS : Poivre, sel, etc.

4. BOISSONS : Eau, vin, cidre, bière, café, thé.

5. FRUITS A SUBSTANCE OLÉAGINEUSE : Noix, olives, amandes.

IV. Chauffage. — Eclairage.

1. Bois, charbon, coke.

2. Allumettes, chandelles de résine, bougies, huile, pétrole.

V. Matières textiles.

1. Chanvre.
2. Lin.
3. Coton.
4. Laine.
5. Soie.

VI. Plantes oléagineuses.

1. Olivier.
2. Pavot ou œillet.
3. Colza.
4. Navette.
5. Cameline.

VII. Plantes tinctoriales.

1. Garance.
2. Pastel.

3. Genêt.
4. Indigotier.
5. Safran.
6. Gaude.

NÉCESSAIRE POUR LES LEÇONS DE CHOSE.

Comme nous l'avons dit, les divers objets devant servir à une même leçon peuvent être fixés sur des cartons, avec des légendes explicatives. Nous avons nous-même préparé de la sorte un certain nombre de leçons de choses qui font le meilleur effet. Nous allons en donner quelques modèles.

I. Le pain.

1. Un paquet d'épis de blé.
2. Un flacon de grains réunis aux glumes.
3. Un flacon de grains séparés des glumes.
4. Un flacon de glumes.
5. Un flacon de blé écrasé par la meule (farine).
6. Un flacon de farine séparée du son.
7. Un flacon de son.
8. Un peu de levain.
9. Un petit pain.

II. Le chanvre.

1. Uu flacon de chènevis.
2. Un flacon d'huile de chènevis.
3. Tiges de chanvre avant le rouissage.
4. Tiges de chanvre après le rouissage.
5. Chanvre teillé.
6. Chanvre peigné.
7. Corde.
8. Une pelote de chanvre filé.
9. Un morceau de toile.

III. La bière.

1. Un petit paquet d'orge en épis.
2. Un flacon d'orge égrenée.
3. — d'orge germée.
4. — de poudre de malt.
5. — de houblon.
6. — de levure de bière.
7. Un morceau de colle de poisson.
8. Un flacon de bière.
9. Un flacon de drèche.

IV. Huile de noix.

1. Noix entière.
2. Amande de la noix.
3. Huile.
4. Tourteau.

V. Le tabac.

1. Graines de tabac.
2. Tiges de tabac.
3. Feuilles séchées.
4. Feuilles roulées (cigares).
5. Feuilles découpées (tabac à fumer).
6. Feuilles réduites en poudre (tabac à priser).
7. Tabac à mâcher.

VI. Chocolat.

1. Cacao.
2. Cacao grillé et concassé.
3. Vanille.
4. Cannelle.
5. Beurre de cacao.
6. Chocolat.

VII. Soie.

1. Bombyx du mûrier (dessin).
2. Œufs, ou graine.
3. Cocon entier renfermant la chrysalide étouffée.
4. Cocon percé et vide.
5. Soie dévidée.
6. Étoffe de soie.

VIII. Papier.

1. Chiffons délissés.
2. Chiffons lessivés.

3. Chiffons défilés réduits en pâte).
4. Pâte blanchie.
5. Pâte raffinée.
6. Pâte de paille blanchie.
7. Pâte de bois blanchie.
8. Colophane.
9. Cristaux de soude.
10. Sulfate d'alumine.

IX. Laine.

1. Laine en suint.
2. Laine lavée à l'eau.
3. Laine dégraissée au sel de soude.
4. Laine blanchie aux vapeurs sulfureuses.
5. Fil de laine.
6. Tricot de laine.
7. Flanelle.
8. Etoffes de laine.

X. Cuir.

1. Peau brute.
2. Peau après le dépilage.
3. Ecorce de chêne.
4. Tan (écorce broyée).
5. Tan ayant servi au tannage.
6. Cuirs mous (veau, vache, cheval).
7. Cuirs minces (chèvre, mouton).

8. Cuirs forts (cheval, bœuf, buffle, mulets.
9. Chagrin, maroquin, basane (cuirs vernis).
10. Cuirs blancs, parchemins, fourrures.

XI. Verre.

1. Sable de mer.
2. Sable de rivière.
3. Marne brute et moulue.
4. Sulfate de soude.
5. Spath fluor.
6. Manganèse.

XII. Tuile, brique.

1. Terre glaise.
2. Terre à briques préparée.
3. Brique moulée.
4. Brique cuite.
5. Tuile.

XIII. Poteries communes.

1. Argile brute, blanche et rouge.
2. Terre préparée, blanche et rouge.
3. Objet façonné.
4. Objet après la cuisson.
5. Vase émaillé non recuit.
6. Vase émaillé recuit.
7. Grès non verni.
8. Grès verni.

XIV. La faïence.

1. Terre à faïence commune.
2. Marne.
3. Terre préparée avant la cuisson.
4. Terre après la cuisson.
5. Terre cuite avec l'émail cru.
6. Terre cuite avec l'émail cuit.

XV. La porcelaine.

1. Kaolin brut.
2. Kaolin pulvérisé.
3. Terre préparée.
4. Porcelaine après la première cuisson.
5. Feldspath pulvérisé.
6. Porcelaine enduite de feldspath.
7. Porcelaine avec émail cuit.

DEUXIÈME PARTIE

DE LA MÉTHODE INTUITIVE.

L'*intuition* est la faculté d'acquérir la notion des choses par la vision exacte des objets qui frappent les sens.

« C'est, dit M. Buisson, l'acte le plus spontané et le plus naturel de l'intelligence humaine, celui par lequel on saisit une vérité, une réalité, sans efforts, sans intermédiaires, sans hésitation. C'est une aperception immédiate qui se fait d'un seul coup d'œil en quelque sorte. »

« Dans le langage pédagogique, dit un autre pédagogue éminent, l'intuition est la vue claire, distincte et immédiate des objets sensibles qui tombent sous les regards. Ce mot, dit-on, ne se trouve pas dans le dictionnaire de l'Académie; aussi a-t-il été critiqué comme un néologisme. Erreur! Gardons-le, car il exprime une idée et il résume parfaitement un système [1]. »

Par l'intuition l'enfant se rend compte de la couleur, de la saveur, de l'odeur, de la forme, de la

---

[1] Tiré des *Leçons élémentaires de pédagogie pratique.*

grandeur, du poids, etc., des différents objets qui l'environnent. C'est encore par elle qu'il acquiert l'idée de la vertu sous toutes ses formes : obéissance, justice, charité, etc.

« La méthode intuitive, dit M. Buisson, est entrée en Allemagne avec l'*Emile* de Rousseau.

« Le plan d'éducation que les Allemands en tirèrent avait pour caractère essentiel de substituer l'observation des choses à l'étude des mots, le jugement à la mémoire, l'esprit à la lettre, la spontanéité à la passiveté intellectuelle. L'innovation qui en résultait dans la pratique pouvait se ramener aux points suivants : exercer avant tout les sens de l'enfant, pour les rendre plus forts, plus souples, plus justes, plus délicats; exercer ensuite son jugement en le guidant sans lui imposer des idées toutes faites, en lui faisant peu apprendre et beaucoup trouver; exercer sa volonté, soit comme attention, soit comme force de caractère, en lui donnant des occasions de se former, et au besoin de se réformer elle-même [1]. »

La méthode intuitive peut, à chaque instant, trouver son application : ainsi, une plante, une pierre, un animal, un livre, etc., peuvent fournir le sujet d'un enseignement intuitif aussi utile qu'intéressant.

« On nous dit d'Overberg qu'une feuille d'arbre,

---

[1] Buisson : *Rapport sur l'Exposition de Vienne.*

une toute petite fleur des champs l'inspiraient d'une manière saisissante. Par elles il faisait ressortir la bonté, la sagesse et la puissance de Dieu. »

Mettons donc en jeu tous les sens de nos élèves et nous verrons s'épanouir leurs jeunes intelligences. Le profit réel qu'ils retireront de nos leçons sera la récompense de la peine que nous aurons prise pour agrandir le cercle de leurs connaissances.

DES LEÇONS DE CHOSES.

La méthode intuitive peut avoir des applications multiples. Un des nombreux procédés de cette méthode, c'est la leçon de choses qui a pour but de développer chez l'enfant l'esprit d'observation.

On appelle leçon de choses « un entretien entre le maître et ses élèves sur un objet quelconque, que l'on veut étudier avec soin dans son ensemble et dans ses parties. Le maître fait voir, flairer, peser l'objet mis à l'étude; il adresse des questions, il rectifie et complète les réponses; il expose ce que les élèves peuvent fort bien ne pas connaître. »

Généralement on s'imagine qu'une leçon de choses est très facile à faire. Cependant, si l'on veut y regarder de près, on ne tardera pas à s'apercevoir que de grandes qualités doivent présider à ces sortes d'exercices qui, désormais, ont une place marquée dans nos programmes d'enseignement.

Il y a plusieurs manières de faire une leçon de

chöses; on pourrait même dire que chaque maître a sa façon à lui de communiquer ses idées. Cependant les différentes méthodes que l'on peut employer peuvent se réduire à deux principales : La méthode *expositive* et la méthode *interrogative*.

Dans la méthode expositive, le maître fait à peu près tous les frais de la leçon : il énonce les faits, pose les principes, tire les conséquences et montre les résultats que l'on peut obtenir.

Si l'élève prête une grande attention aux explications du maître et s'il s'efforce de s'approprier son enseignement, il peut tirer un profit réel des leçons ainsi faites. Encore sera-t-il bon cependant, à la fin de la leçon de s'assurer, par quelques questions, que les explications ont été saisies et retenues.

La méthode *interrogative* ou *socratique* se présente sous un aspect tout différent. Le but de cette méthode est de faire trouver à l'enfant les vérités qu'on a dessein de lui enseigner en l'amenant de question en question au but proposé.

Ainsi, on le voit, le fond de cette méthode, son véritable point de départ consiste dans les interrogations qui, peu à peu, conduisent l'enfant à découvrir des vérités dont il ne soupçonnait pas l'existence.

Ces questions, à la vérité, doivent être faites avec beaucoup de tact et de jugement; car il ne faut pas oublier que les investigations de l'enfant le conduiront d'autant plus facilement à la vérité, que les interrogations du maître seront plus simples, plus précises et mieux à la portée de sa faible intelligence.

Une fois la vérité découverte, il sera bon d'exercer les élèves à la formuler eux-mêmes. Le maître, sans doute, sera toujours là pour redresser ce qu'il y aura d'inexact ou d'incomplet dans ces formules. Il pourra même les leur faire répéter et apprendre par cœur; c'est du reste un excellent moyen pour graver plus sûrement dans leur mémoire ce qu'ils auront appris.

La plupart de nos leçons de choses peuvent se faire d'après le plan suivant que nous empruntons au *Journal des Instituteurs :*

1° Dénomination de l'objet et de ses diverses parties;

2° Examen de la position relative et des proportions des parties;

3° Forme, qualités, propriétés, origine et usages du tout et des parties;

4° Orthographe et signification des termes employés;

5° Réflexions morales que comporte le sujet.

« Il suffit d'un peu de réflexion pour reconnaître que ce programme est éminemment propre à mettre en jeu toutes les facultés de l'enfant : par l'exposition de l'objet à étudier, on éveille et on captive son attention; en l'obligeant à examiner la position et les proportions des parties, on l'habitue à observer; en lui faisant trouver ou en lui révélant l'origine, les qualités et les usages des choses, on développe en lui la réflexion et le jugement; par les soins que l'on apporte à exposer la véritable signification des termes employés et à en figurer l'orthographe, il apprend tout à la fois, sans beaucoup d'efforts de sa part, la langue parlée et la langue écrite; enfin on cultive en lui le sens moral, par les réflexions que fait naître l'examen attentif des choses [1]. »

En donnant ce plan nous ne prétendons pas, assurément, fixer des règles dont on ne puisse s'écarter; nous voulons seulement exposer ce que pensent à ce sujet des hommes très compétents. Chaque instituteur garde toujours cette part d'initiative, sans laquelle son enseignement risquerait d'être peu profitable.

Nous allons maintenant donner quelques modèles de leçons de choses, faites selon les deux méthodes mentionnées plus haut.

---

[1] *Journal des Instituteurs,* année 1880.

MODÈLES DE LEÇONS DE CHOSES

MÉTHODE EXPOSITIVE

I. Le pain.

Le laboureur, après avoir préparé la terre qu'il féconde de ses sueurs, lui confie le grain de blé qui produit au centuple et donne à la récolte ces beaux épis jaunes.

Le blé, une fois coupé, est mis en gerbes et transporté dans l'aire où on le détachera de l'épi.

On bat le blé de plusieurs façons : au fléau, au manège et à la machine à vapeur.

Le grain de blé, ainsi séparé de la paille, n'est pas encore entièrement net : il se trouve enveloppé dans des balles ou glumes dont on le sépare par le *vannage*.

Les glumes, mélangées aux betteraves coupées en morceaux, ou à d'autres aliments, peuvent être données aux animaux qui, en hiver surtout, s'en accommodent fort bien.

Quand le grain de blé est ainsi dépouillé de toute enveloppe extérieure, il est porté au moulin où les lourdes meules le réduisent en poudre.

Cette poudre blanche, appelée farine, n'est pas encore à l'état de pureté parfaite; on la sépare de sa partie la plus grossière, le son, au moyen d'un tamis appelé *blutoir*.

Le son, mélangé à la nourriture des animaux est très propre à les engraisser. Quelques-uns même le mangent fort bien lorsqu'il est sec et sans aucun mélange.

Pour faire lever le pain et lui donner la légèreté qui fait de cet aliment la meilleure nourriture de l'homme, on emploie le *levain*, matière capable d'exciter la fermentation. C'est d'ordinaire, un morceau de pâte aigrie.

On fait le pain avec les farines de blé, de seigle, d'avoine, de maïs, etc.; mais la farine de froment, la meilleure espèce de blé, donne le pain le plus estimé. Le pain est la nourriture par excellence de l'homme.

II. La bière.

Dans les pays qui consomment beaucoup de bière, la culture de l'orge occupe une place très importante. Elle exige un sol doux, meuble et pas trop sec. Coupée en vert et distribuée aux bestiaux, elle est un fourrage excellent.

L'orge donne une farine très médiocre; on n'en fait du pain que dans les pays où le froment ne vient pas. L'orge mondé est très employé en médecine. C'est avec cette céréale, qui est la moins coûteuse, que l'on fabrique la bière.

On commence par plonger l'orge dans des cuves

remplies d'eau, pour la faire gonfler. On l'étend ensuite dans des chambres dont la température doit être d'environ 15 degrés. Sous l'influence de la chaleur, la germination commence à se développer. Ainsi modifiée, l'orge s'appelle *malt*.

Le malt concassé est alors porté dans de grandes cuves où l'on fait arriver, par la partie inférieure, de l'eau chauffée à 70 degrés environ. Pour faciliter le mélange, on agite le malt avec des fourches : c'est le *brassage*. Le liquide prend alors le nom de *moût*.

Le moût, au sortir des cuves, est porté à l'ébullition dans de grandes chaudières avec 1 à 2 kilogrammes de fleurs de houblon par hectolitre de liquide : c'est le *houblonnage*. Les fleurs de houblon contiennent un principe amer et une huile aromatique favorable à la conservation de la bière.

Le liquide est alors introduit dans de petits tonneaux où la fermentation continue. Il sort, par la bonde, une mousse épaisse appelée *levure de bière* : on l'emploie souvent pour provoquer des fermentations. Enfin on clarifie le liquide et on le colle avec de la colle de poisson.

La colle de poisson s'obtient en faisant bouillir les os, les peaux, les tendons, les cartilages et les parties menbraneuses des poissons. La plus estimée se prépare avec les vessies natatoires d'esturgeons. Elle sert au collage de la bière, des vins et des liqueurs fermentées en général.

La bière est une boisson saine, très nourrissante et qui fait engraisser; mais elle a une amertume qui ne plaît pas à tout le monde. Les habitants du nord de la France où le vin est plus rare, font de la bière leur boisson principale.

La *drèche* est le résidu de l'orge qui a servi à la préparation de la bière. Elle sert à l'alimentation des animaux; mais il faut la leur donner toute fraîche, car, en vieillissant, elle aigrit.

III. Le tabac.

Le tabac, originaire d'Amérique, a été introduit en France en 1560, par Jean Nicot.

Le tabac est une plante annuelle : on le sème au printemps, puis, lorsqu'il est levé, on le replante en quinconces ou en allées. Le moment de la maturité arrivé, on arrache la plante, et on en détache les larges feuilles après que les pieds, laissés en tas pendant quelque temps dans des pièces un peu chaudes, ont éprouvé un commencement de fermentation. On soumet ensuite ces feuilles à diverses opérations pour les amener à l'état voulu suivant l'usage auquel on les destine. Ainsi, on les réduit en poudre pour en faire du tabac à priser, ou bien on les découpe en minces lanières pour faire les tabacs à fumer, ou encore on les roule sans les diviser, quand on veut faire des cigares. »

Cette plante, de la famille des solanées, possède

un principe, la *nicotine*, qui est un poison des plus violents. L'usage du tabac n'est donc pas sans dangers. En admettant même qu'un usage modéré soit sans inconvénient pour les hommes faits, il est on ne peut plus nuisible aux enfants; physiquement, il entrave leur développement; moralement, il les prédispose à la débauche et à l'ivrognerie.

MODÈLES DE LEÇONS DE CHOSES

MÉTHODE INTERROGATIVE OU SOCRATIQUE

I. Une allumette.

Connaissez-vous cela?
— Oui, c'est une *allumette.*
— Trouve-t-on les allumettes toutes faites?
— Non.
— Comment donc peut-on en avoir?
— Il y a des personnes qui en font.
— Oui, les allumettes sont faites par les hommes.
— Une allumette est-elle de même d'un bout à l'autre?
— Non.
— Mon corps est-il de même partout?
— Non.

— Comment appelez-vous ceci?

— Votre bras.

— Vous ne dites pas que mon bras est tout mon corps. C'est une partie de mon corps. Répétez : Le bras est une partie du corps. Alors mon corps a plusieurs parties. Eh bien, une allumette a...?

— Plusieurs parties.

— Quelles sont-elles?

— Le bois, le soufre.

— Où est placé le soufre?

— Au bout de l'allumette.

— Combien une allumette a-t-elle de bouts?

— Elle a deux bouts.

— Ainsi les différentes parties d'une allumette sont?

— Le bois, le soufre.

— Qu'est-ce que le soufre? D'où vient-il? Je vais vous le dire. Répétez : On tire le soufre de la terre. Toutes les choses qu'on tire de la terre et qui ne sont pas des plantes s'appellent des minéraux. Le soufre est un minéral. Maintenant regardez-moi bien, et dites-moi quelque chose sur le soufre. De quelle couleur est-il?

— Il est jaune.

— Répétez ensemble ; Le soufre est jaune. (*Le maître le met à la flamme de la chandelle.*) Le voici qui est en feu. Comment appelez-vous les choses qui prennent feu?

—Inflammables.

— Ainsi, le soufre est inflammable. Quelle est la couleur de la flamme?

— La flamme est bleue.

— Répétez : Le soufre brûle avec une flamme bleue. Depuis que j'ai mis le soufre dans le feu, ne sentez-vous rien?

— Le soufre a une mauvaise odeur.

— Les choses qui ont de l'odeur s'appellent odorantes?

— Le soufre, quand il brûle, est odorant.

— Comment trouvez-vous que le soufre est odorant?

— C'est avec notre nez.

— Que faites-vous donc avec votre nez?

— Nous sentons avec notre nez.

— Comment avez-vous trouvé que le soufre est jaune?

— Avec nos yeux.

— Le feu fait encore quelque chose au soufre ; quoi donc?

— Il le fait fondre.

— Qu'avez-vous donc fait alors avec vos yeux?

— Nous avons regardé avec nos yeux.

— Répétez : Le soufre fond dans le feu. Le soufre est un minéral qu'on tire de la terre. Le bois est un végétal. Répétez : Le bois est un végétal.

— D'où est-il tiré?

— D'un arbre.

— Les allumettes sont faites avec le bois d'une

espèce d'arbres qu'on appelle des sapins. Maintenant examinez ce bois, et dites-m'en quelque chose?

— Il est dur, sec; nous ne pouvons voir au travers; il est cassant, léger, jaune.

— Répétez ces différentes qualités du bois : Le bois de sapin est dur, sec; nous ne pouvons voir au travers; il est cassant; sa couleur est d'un jaune clair. (*Le maître l'approche du feu.*) Vous voyez qu'il est inflammable. Quelle différence observez-vous entre le soufre et le bois, quand je le mets à la flamme?

— Le soufre prend feu le premier et avec une flamme bleue.

— Oui, et il fond aussi et tombe en gouttes. Mais que fait le bois quand il est brûlé?

— Il fait de la cendre.

— Maintenant je voudrais que quelqu'un réfléchît bien et me dît pourquoi il faut mettre du bois et du soufre ensemble pour faire une bonne allumette?

— D'abord on met du soufre parce qu'il prend feu très vite.

— Pourquoi met-on aussi du bois? Combien de temps a-t-il brûlé?

— Très peu de temps.

— Il serait peut-être brûlé avant que notre chandelle ou notre feu fût allumé; mais le bois brûle plus longtemps.

Vous m'avez dit que c'était un homme qui faisait les allumettes. Mais qui est-ce qui donne au soufre et au bois les qualités qui nous les rendent utiles?

— C'est le bon Dieu.

— Oui, c'est Dieu qui a fait toutes choses, c'est lui qui leur a donné toutes les qualités qui nous les rendent utiles.

Maintenant vous allez répéter ce que nous avons dit sur les allumettes; une allumette est faite de bois et de soufre, etc., etc. [1]

II. Le cuir.

LEÇON COMMUNE AUX TROIS COURS.

Voyons, mes amis, ainsi que je vous l'ai annoncé, nous allons aujourd'hui parlér du *cuir*.

— Qu'avez-vous aux pieds, Emile?

— Des souliers.

— Et vous, Alexandre?

— Des bottines.

— Et vous, Henri?

— Des brodequins.

— On désigne tout cela sous le nom général de... *chaussures*.

Citez-moi d'autres chaussures que celles que vous venez de m'indiquer?

— Des bottes, des galoches, des sabots.

— Quand vous avez besoin de chaussure à qui vous adressez-vous?

---

[1] Extrait des *Modèles de leçons pour les salles d'asile et les écoles élémentaires*, par M. Eugène Rendu.

— Aù cordonnier.

— La profession de cordonnier, c'est la *cordonnerie.*

— Avec quoi sont faites mes chaussures?

— Avec du cuir.

— Sont-elles toutes faites avec le cuir.

— Non, Monsieur, les souliers, les bottes, les brodequins sont en cuir; les galoches, les sabots, sont en cuir et en bois, et les patins sont en cuir, en bois et en fer

— Très bien; vous m'avez dit, Léon, que vos bottes sont faites avec du cuir; mais qu'est-ce que c'est que le cuir?

— C'est la *peau* épaisse de certains animaux.

— Quels sont les animaux qui produisent le cuir?

— Le *mouton,* la *chèvre,* le *veau,* la *vache,* le *cheval,* le *bœuf,* le *buffle.*

— Qu'est-ce que le buffle?

— C'est une espèce de bœuf sauvage.

— Très bien, Paul, allez au tableau, écrivez les noms : *Cuirs, peau, animaux, mouton, chèvre, veau, vache, bœuf, buffle, cheval;* les autres, écrivez ces mots sur votre cahier. Bien. Maintenant, vous allez tous épeler ces différents noms. Vous me dites que le cuir c'est la peau épaisse de certains animaux; mais, pour se servir des peaux, ne faut-il pas les préparer, les nettoyer, les dégraisser? Cela s'appelle... *tanner les peaux.* Les ouvriers qui tannent les peaux sont des... *tanneurs;* on les appelle aussi *corroyeurs;*

leur profession, leur industrie, comme leur usine, c'est... la *tannerie* ou la *corroierie*. Dites-moi comment on tanne les peaux?

— On les plonge dans une fosse remplie d'eau et de *tan* ou *tannin,* où elles restent pendant plusieurs mois.

— Qu'est-ce que c'est que le *tan?* C'est l'écorce de chêne moulue ou pulvérisée, c'est-à-dire?... réduite en poudre ou en poussière. Vous saurez aussi mes amis, qu'avant de mettre les peaux dans les fosses, on a commencé par en retirer les parties inutiles, telles que les oreilles et la queue, puis on les a débourrées, c'est-à-dire qu'on les a débarrassées de leurs poils; ensuite on les a *écharnées,* c'est-à-dire qu'on a enlevé la chair et autres impuretés qui pouvaient se trouver sur chaque face, et enfin on les a soumises à l'opération que je vous ai décrite plus haut et qui est... le *tannage.*

Savez-vous comment on dispose les peaux dans les fosses?

— Oui, Monsieur, on place alternativement une couche de tan et une couche de peaux, et puis on recouvre le tout d'un lit épais de tan.

— Et ensuite?

— On met par-dessus des planches que l'on charge de grosses pierres.

— Y a-t-il différentes sortes de cuirs?

— Oui, Monsieur, il y a les cuirs *mous,* les cuirs *minces* et les cuirs *forts.*

7

— Quels sont les animaux dont la peau sert à faire le cuir mou ?

— Le *veau,* la *vache,* le *cheval.*

— Le cuir mince ?

— La *chèvre,* le *mouton.*

— Le cuir fort ?

— Le *cheval,* le *bœuf,* le *buffle.*

— Que fait-on avec le cuir mou ?

— Des souliers, des bottes, des brodequins, des semelles, et en général les chaussures.

— Avec les cuirs minces ?

— Des gants, des doublures de chaussures, des marteaux de piano, des bottines d'enfant.

— Et avec les cuirs forts ?

— De grosses chaussures, des harnais.

— Qui fait les harnais ?

— Le *sellier,* le *bourrelier.*

— En terminant, je vous dirai qu'il y a aussi le *cuir vernis,* avec lequel on fait ces belles bottines que vous mettez aux jours de fête ; le *chagrin,* fait avec la peau de mouton ou de chèvre, qui sert à fabriquer des bottines ; on s'en sert dans la reliure : c'est un cuir qui a l'air d'être recouvert de grains. Il y a encore le *cuir bouilli,* avec lequel on fait des chapeaux, des tabatières, des encriers de poche, etc.; enfin, il y a le *cuir à rasoir* dont on se sert pour rendre le rasoir plus coupant.

Vous avez vu, la semaine dernière, mes enfants, les animaux dont la laine sert à nous vêtir ; dans cette leçon nous voyons ceux dont la peau sert à nous chausser. Comment devons-nous traiter ces animaux si utiles?... Et quels sentiments devons-nous avoir à l'égard du Créateur qui les a mis à notre service?... [1]

CONCLUSION.

Le modeste travail que nous présentons aux membres de l'enseignement est loin d'indiquer tous les objets qui peuvent prendre place dans le musée scolaire. Nous nous sommes borné à signaler les principales collections que l'on peut faire, et nous croyons que cela suffit pour guider les instituteurs.

Mais il conviendra, au fur et à mesure que les échantillons nous arriveront, que nous en prenions note exacte et que nous inscrivions le nom du donateur et de l'objet donné dans un *catalogue spécial*.

« L'ensemble de tous ces objets, dont aucun ne devra jamais venir de loin, composera à coup sûr une collection peu coûteuse et bien facile à réunir. Pour qu'elle soit aussi complète que possible, il ne faudra que du temps. Aussi ne saurait-il être question de la former rapidement; chaque objet arrivera à son tour, et il sera bien, dans le *catalogue* qui en

---

1 Extrait du *Journal des Instituteurs.*

sera nécessairement dressé, d'inscrire toujours l'histoire de son entrée à l'école, surtout si, comme il conviendrait généralement, c'est un élève qui l'a apporté [1]. »

---

[1] De Bagnaux : *Conférence.*

FIN

TABLE DES MATIÈRES

PREMIÈRE PARTIE

DÉTAIL DES COLLECTIONS QUI PEUVENT FIGURER DANS UN MUSÉE.

RÈGNE MINÉRAL.

CHAPITRE Ier.

CHAPITRE II.

Chapitre III.

RÈGNE VÉGÉTAL.

INDICATIONS SOMMAIRES SUR LA RÉCOLTE, LA PRÉPARATION ET LA DESSICCATION DES PLANTES POUR HERBIERS.

RÈGNE ANIMAL.

SECTION INDUSTRIELLE.

NÉCESSAIRE POUR LEÇONS DE CHOSES.

DEUXIÈME PARTIE

Corbière, imp. de l'École des S.-M.

STAT CRVX DVM VOLVITVR ORBIS
ÉCOLE CURRIER
DES SOURDS-MUETS DE
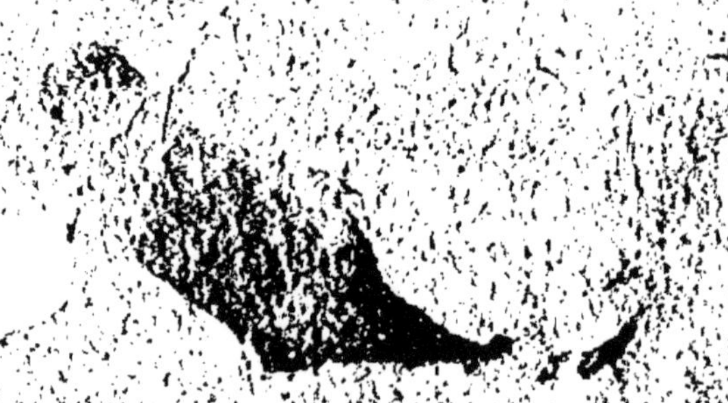